はじめての 振動工学

藤田 聡・古屋 治・皆川佳祐 著
Fujita Satoshi　Furuya Osamu　Minagawa Keisuke

TDU 東京電機大学出版局

はじめに

振動は，多年にわたり機械技術者の悩みの種であり，機械・機械構造物本来の性能に悪影響を与えるものでありました．機械の設計行為に直接関わることも少なく，いわばトラブルシューター的な役割を担ってきました．しかしながら，1980年代初頭からの，免震技術，制振技術の発展，さらにはアクティブコントロール技術の隆盛に伴い「振動技術」を駆使する動的設計が機械・機械構造物の性能要求事項を満たすために不可欠となりました．

本書は，将来こうした動的設計手法を駆使した技術開発に携わりたいという初学の学生や技術者にとって，まず「基本」をきちんと理解し「応用力」を育てることに力点をおきました．したがって，多自由度系や連続体の振動，非線形振動，自励振動に関しては思い切って割愛しましたが，一自由度系の振動をしっかりと理解し，その知識を駆使することで多くの振動問題の解決が可能になるとともに，新たな振動制御装置の開発に役立つものと考えます．どのような新しい装置開発も，難しい振動問題もまずは基本的な物理現象がいかなるものなのかを本質的に理解することから始まるのです．

このような思いから，本書の内容は目次に示すように基礎的な部分に限定し，それぞれについて詳しく記載することとしました．

また，演習問題を掲載することで，自習にも適していると思います．なお，演習問題の詳しい解説はホームページよりダウンロードできます．

本書の基本を習得し，その振動技術を駆使して，将来，人々が安全に安心して暮らせる生活環境実現のために，有益な装置機器を研究・開発できる技術者に育ってくれればと，筆者らは願っています．

平成31年3月

藤田　聡

目　次

第4章 減衰のある一自由度系の自由振動

第5章 減衰のない一自由度系の強制振動

第6章 減衰のある一自由度系の強制振動

第7章 一自由度系で表される振動の実用

付録 演習問題

第1章 振動工学とは

本章の目的

・身のまわりにある振動について考える.
・振動工学を学ぶ理由を理解する.
・一自由度振動系による振動工学を学ぶねらいを理解する.

1-1 身のまわりの振動

振動とは，物体が「揺れる」あるいは「振れる」という言葉で表される運動である．運動の特徴は，上下，左右，前後などに繰り返し「往復運動」する現象である．このような運動は，われわれの身のまわりに数多く存在する．

振動は，悪いイメージのものが多いが，一方で積極的に利用されている場合もある．ここでは，その一例を示す．

(1) 良い振動の例

図 1.1 は良い振動の例である．最も身近で振動を体感できるのは携帯電話のバイブレーション機能であろう．もう少し，大きな，あるいは，強い振動としては，公園などで見かけるブランコ，マッサージチェアなどがある．逆に，小さな，あるいは，視覚的に見えない振動としては，楽器や電子レンジなどがある．

図 1.2 の機械式時計は電気などを用いないで時を刻む時計である．機械式の腕時計，懐中時計は，ばねとおもりが 1 振動するのに要する時間が常に一定であるという振動の特徴，機械式の振り子時計は振り子が 1 往復するのに要する時間が常に一定であるという振動の特徴をうまく利用した例である．

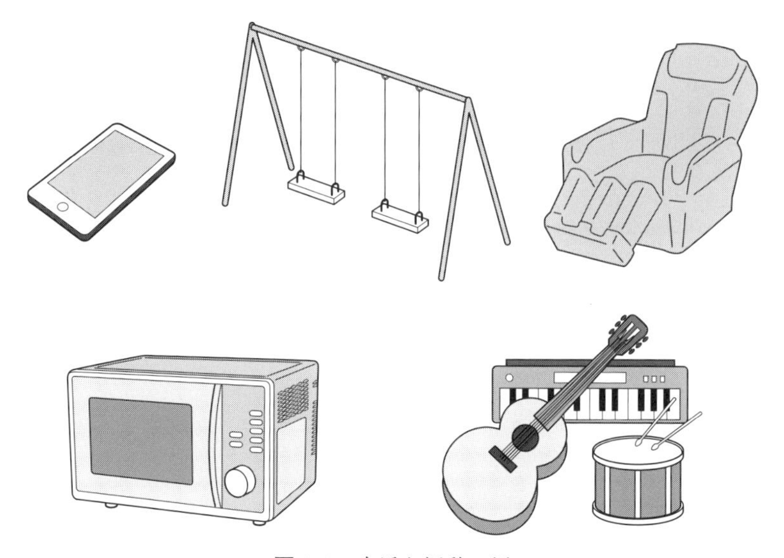

図 1.1　身近な振動の例

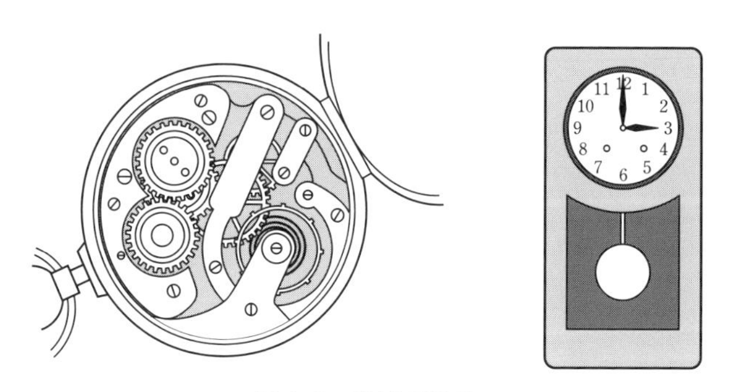

図 1.2　機械式時計

工事現場を見ると，図 1.3 のように，土砂を選別するふるいや地面を締め固める機械など，振動を積極的に利用した機械が散見される．

また，図 1.4 に示す振動を利用した発電に着目すると，人の歩行や車の走行などにより発電素子に力が加わることで発電する形式がある．さらに，自然界で生じる往復運動を利用したものでは，波の力や潮の満ち引きで発電するものがある．

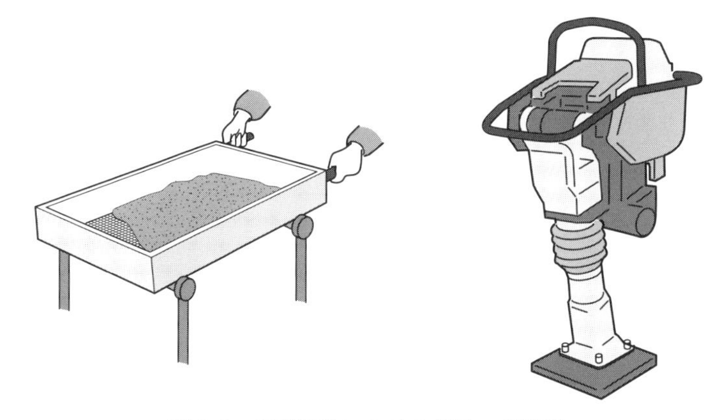

図 1.3　工事現場における振動の利用例

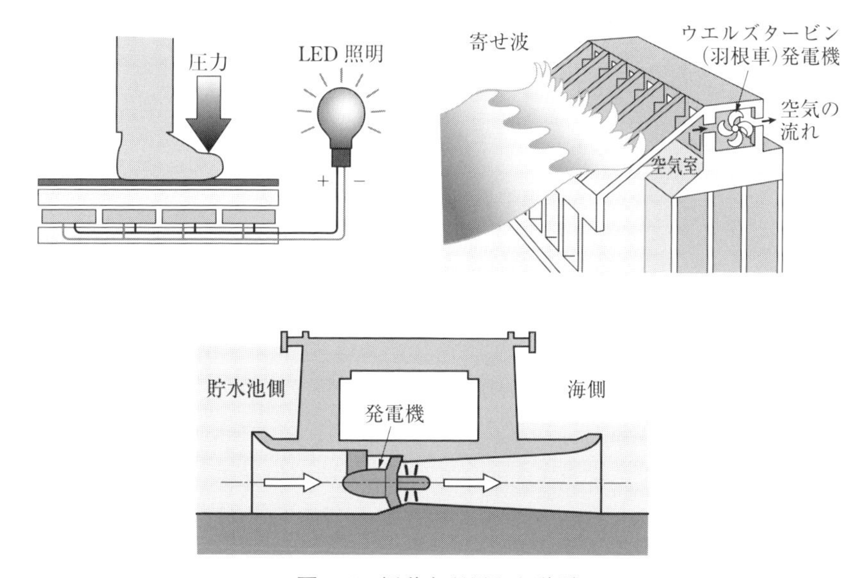

図 1.4　振動を利用した発電

いずれの振動もわれわれの生活の中で「便利」「楽しい」「快適」など良い振動の例といえる.

(2)　悪い振動の例

図 1.5 は悪い振動の例である. 悪い振動の例は, おそらくいくつも思い浮かぶ

であろう．たとえば，人工的に引き起こされる振動では，車，鉄道，飛行機，船などの乗り物の揺れなどがあり，誰しもが経験している．自然界では，やはり地震が代表例であり，近年の大地震でもさまざまな被害が発生していることは記憶に新しい．

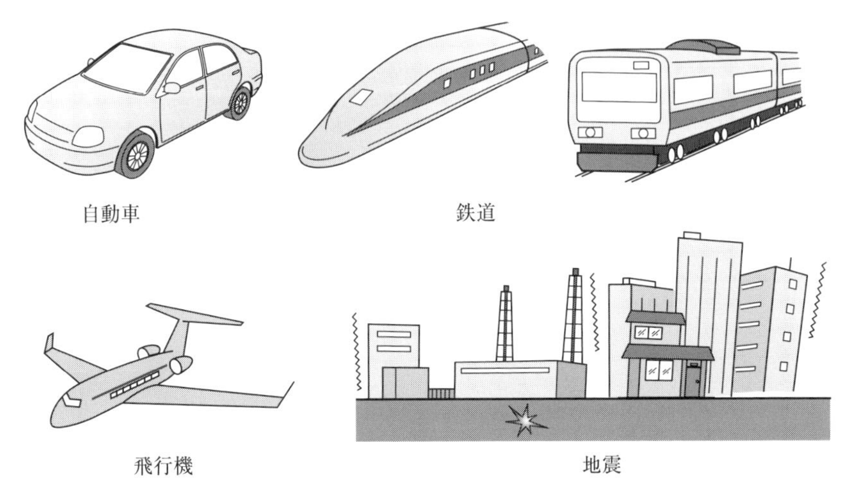

図 1.5　悪い振動の例

1-2 振動工学の対象

振動は，なぜ発生するのか．振り子の振動を例に，力学的に考えてみる．なお，振り子の振動の詳細は3.5節(3)項で説明する．図1.6(a)のように振り子が静止している場合には，力は平衡状態，つまりおもりの重力とひもの張力が釣り合っている状態にある．そのため，振り子は動かず，振動は発生しない．しかし，図(b)のように，振り子のおもりを手で横に押すと，この力の状態が崩れる．すると，おもりは押した力の量に応じて，ある角度まで傾き，そこで手を離すと，重力の影響でもとの位置に戻ろうとして動き始める．その後，もとの位置に戻るものの，おもりは速度を有しているためにもとの位置を通過し，押した方向と反対方向に振れる．反対方向に振れたおもりは手で押したときと同じ高さまで傾き，一瞬止まった後，重力の影響で再びもとの位置に戻る方向に振れる．これを繰り返すことで，振り子は振動する．

エネルギー的に考えると，もとの位置から手で押すことにより，おもりに位置エネルギーが与えられる．手を離すと蓄えられた位置エネルギーがおもりの運動エネルギーに変換されながら位置エネルギーがゼロとなるもとの位置に戻る．もとの位置では，おもりに最大の運動エネルギーが蓄えられるため，反対方向に運動を続け，運動エネルギーがゼロになり位置エネルギーが最大になる位置まで振れる．その後，蓄えられた位置エネルギーでもとの位置に向かって運動する．これを繰り返すことで振り子は振動する．

このように，静止している物体は力学的，あるいは，エネルギー的なバランスが崩れることで振動する．このような運動を扱う学問領域は，動力学と呼ばれる物理分野であり，特に機械工学では，本書で示す「振動工学」あるいは「機械力学」と呼ばれる力学分野である．なお，図 1.6(a)のように静止状態での力学を扱う分野は，静力学といわれる物理分野であり，特に機械工学では，「材料力学」と呼ばれる力学分野となる．

さて，ではなぜ機械工学で「振動工学」を学ぶ必要があるのか．ここでは，車を例に説明する．

車は，路面の状況によって走行時に揺れることを読者も容易に想像できるだろう．この「揺れ」は，車の乗り心地や運転性能に大きく影響を及ぼすため，できるだけ小さいことが望ましい．そこで，車には，車体とタイヤの間に路面の凹凸を吸収するための「ばね」と，振動を早く抑えるための「減衰」が設置されている．なお，ばねや減衰については 2.2 節(2)項 c，d および 2.3 節(2)項 c，d で

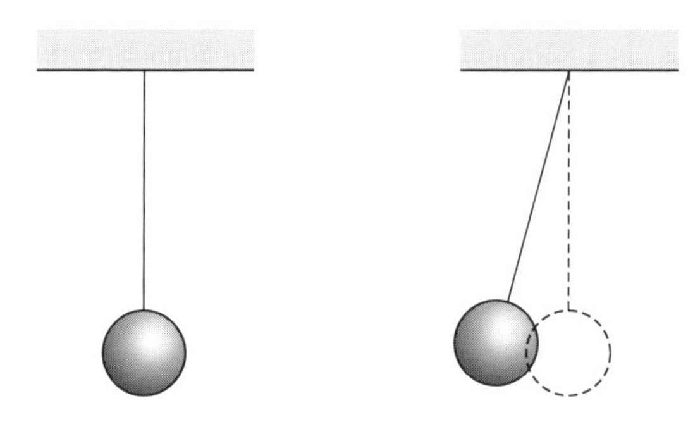

(a) 静止状態（もとの位置）　(b) 力学的なバランスが崩された状態

図 1.6　振動はなぜ起こるのか

説明する．

車の振動が小さくなるように，これらの「ばね」と「減衰」をどのように設計するか，また，それらをどのように組み合わせるかを考えるためには，車の揺れを知る必要がある．この「揺れを知る」ためには，本書で学ぶ振動工学が必要になる．さらに，ある走行速度になると車体が大きく揺れる現象が発生する．これは，本書の5章で示す「共振」と呼ばれる振動現象である．物体が質量とばねから構成される場合，必ず「共振」が生じる．この共振は，揺れを大きくするとともに，場合によっては，物体になんらかの損傷を与える原因となる．しかし，共振がある決まった条件のもとでのみ発生し，共振時にどの程度揺れるかをあらかじめ知ることができることは，あまり知られていない．

以上のように，「質量」，「ばね」，「減衰」から構成されるものを設計するためには，振動工学を学び，機械が「どのように揺れるのか」，「どのぐらい揺れるのか」を知るとともに「どうしたら揺れが小さくなるのか」について知っておく必要がある．このため，振動工学を学ぶことは，機械工学分野では極めて重要である．

1-3 本書のねらい

一般に，機械構造物を含め振動工学で対象とする構造物は複雑な形状をしており，3次元的な直線運動や回転運動をする．このため，通常の「振動工学」や「機械力学」のテキストでは，複数の運動を同時に扱う内容が含まれている．しかしながら，本書では，その部分を大胆に割愛し，あえて「1つの物体が一方向に運動」する「一自由度振動系」のみを扱うこととしている．これは，先に述べたように，機械が「どのぐらい揺れるのか」を知り「どうしたら揺れが小さくなるのか」についての必要最低限の工学的専門知見を得る上で，「一自由度振動系」だけでもかなりの領域をカバーできることを知り得ていることに起因している．

現時点での振動工学の専門知見をフル活用しても，残念ながら，地震による構造物の揺れ，乗り物の揺れ，身のまわりの揺れをゼロにすることは難しい．しかしながら，本書の「振動工学」を学ぶことで，振動とうまく共存するための知識や方法を身につけてほしい．

第2章 振動工学を学ぶ上での基礎

本章の目的

・工学に関する一般事項を理解する.
・力学に関する一般事項を理解する.
・振動工学に関する一般事項を理解する.

2-1 工学の基礎

工業，技術に関わる学問を**工学**（engineering）という．工学には，機械，化学，電気，電子，情報通信などのさまざまな分野があり，それぞれ対象とする技術は異なるものの，工学全般を通して共通の基礎的事項である物理量，単位と次元，有効数字がある．

本節では，工学の基礎のうち，振動工学に関連する事項を取り上げる．

(1) 物理量

物体の長さや重さなどは，定規や秤（はかり）などで計測することができる．このように何らかの物理的な方法で求められる量を**物理量**（physical quantity）という．

(2) 単位と次元

国や地域，個人により物理量の表現方法がバラバラだと不都合である．このため，客観性のある物理量となるように基準が設けられている．これを**単位**（unit）という．現代では，多数の人々が別々に作った多数の部品を組み立てて，1つの機械を作ることが多い．このようなことができるのも，共通の尺度である単位によるものである．

現在でも国ごとにさまざまな単位が使用されている．たとえば，アメリカやイギリスでは，長さの単位としてインチ（inch），フィート（feet），ヤード（yard），マイル（mile）などが使用されている．日本でもかつては尺，寸などが使われてきた．このような違いをなくし，万国共通の単位を定義するために，国際単位系としてSI単位が制定されている．

SI単位は，表2.1に示す7つの**基本単位**（fundamental unit）：長さ（メートル，m），質量（キログラム，kg），時間（秒，s），温度（ケルビン，K），電流（アンペア，A），物質量（モル，mol），光度（カンデラ，cd）と2つの**補助単位**（supplemental unit）：平面角（ラジアン，rad），立体角（ステラジアン，sr）から構成される．それらの単位を組み合わせて**組立単位**（derived unit）を構成する．使用する際には，表2.2に示す10^9：G（ギガ），10^6：M（メガ），10^3：k（キロ）などの**SI接頭語**（SI prefix）と併用される．たとえば，速度であれば，長さと時間の基本単位を組み合わせて，m/s（メートル毎秒）を使用する．金属のヤング率，たとえば，$206,000,000,000 = 206 \times 10^9$ Paのように数字が大きくなるものに関しては，SI接頭語を併用し，206 GPa（ギガパスカル）などのようにして使用する．

(3) 有効数字

工学では，電卓で計算した結果を書き記す場合，数字の桁をいくつ書けばよい

表2.1 SI単位（基本単位）

物理量	単　位	
	記　号	読み方
長　さ	m	メートル
質　量	kg	キログラム
時　間	s	秒
温　度	K	ケルビン
電　流	A	アンペア
物質量	mol	モル
光　度	cd	カンデラ

表 2.2　SI 接頭語

数	接頭語	読み方	数	接頭語	読み方
10^{12}	T	テラ（tera）	10^{-1}	d	デシ（deci）
10^{9}	G	ギガ（giga）	10^{-2}	c	センチ（centi）
10^{6}	M	メガ（mega）	10^{-3}	m	ミリ（milli）
10^{3}	k	キロ（kilo）	10^{-6}	μ	マイクロ（micro）
10^{2}	h	ヘクト（hecto）	10^{-9}	n	ナノ（nano）
10^{1}	da	デカ（deca）	10^{-12}	p	ピコ（pico）

かが計算精度の観点から重要になる．たとえば，「1.50」と「1.5」は，異なる精度を有している．つまり「1.50」は 0.01 の位まで信頼できる確かな値であるのに対し，「1.5」は 0.1 の位までしか信頼できず 0.01 の位がいくつになるのか不確かである．このように，どの桁まで信じられるかという観点から有効数字が定義されている．身近にある定規であれば，1 mm の目盛りに対して 1/10 mm の精度で読む数字が有効数字となる．有効数字の取り扱いは，次のように加減乗除によっても異なることに注意が必要である．

加減計算では，末位の一番高い有効数字の位にほかの有効数字の位を四捨五入で揃えてから計算する．たとえば，$1.5+2.245$ を計算するとき，1.5 の末位は 0.1 の位，2.245 の末位は 0.001 の位なので，1.5 が末位の一番高い数字であり，2.245 の 0.01 の位を四捨五入し 2.2 として $1.5+2.2 = 3.7$ となる．

乗除計算では，桁数の一番少ない有効数字の桁数に，ほかの有効数字の桁数を四捨五入で揃えてから計算する．計算結果ももとの数字のうち，桁数の一番少ないものに合わせる．たとえば，20.5×9.8 を計算するとき，9.8 が 2 桁で，桁数が一番少なく，20.5 を 0.1 の位で四捨五入して 2 桁の 21 として $21\times9.8 = 205.8$ となる．このままでは桁数が 4 桁なので 205.8 を 1 の位で四捨五入して $210 = 2.1\times10^{2}$ となる．

2-2 力学の基礎

機械工学では，物体の運動や働く力を扱う**力学**（dynamics）が重要になる．力学は高校や大学の物理や数学で学んだ知識を多用し，振動工学も力学を基礎とする．

本節では，工学の基礎となる力学のうち，特に振動工学に関連する項目を取り上げる．

(1) 質点と剛体の運動

a 質点と剛体

実際の機械の形状に関して，その動きや働く力を理論的に求め，分析することは，極めて複雑な作業である．そこで，力学では，図2.1のように，それらの機械をただの「点」や「箱」で置き換えて扱うことが一般的である．また，それらの点や箱を複数組み合わせて扱うこともある．これらの点や箱を，**質点**（mass point）や**剛体**（rigid body）という．

質点とは，図2.1(a)のような，質量はもつが形状をもたない点である．形状をもたない物体など，われわれの身のまわりには当然存在しないが，対象とする

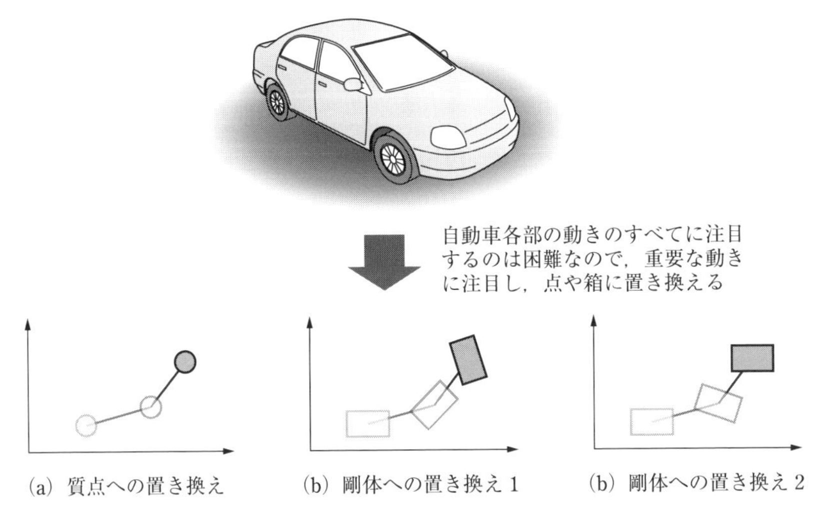

図2.1 車の運動の軌跡の質点や剛体への置き換え

物体の変形や向き，回転運動を考慮しなくてよい場合，その物体の形状は無視して，点として考えると都合がよい．形状を考えなくてよいので，運動を表現するための数式をシンプルに考えることができる．

剛体とは，図2.1(b)，(c)のような，質量，形状をもつ，変形しない箱である（変形しないことを「剛である」などという）．剛体を使用すれば，対象とする物体の向きや回転運動を考慮することができる．たとえば，図2.1(b)，(c)はいずれも剛体で，同じ点を運動しているが，向き（回転運動）が異なる．このような差異は質点では考慮できない．

質点や剛体では物体の運動を正確に記述できないと思う読者もいるかもしれないが，目的に合わせて実際の物体を適切に質点や剛体に置き換えることで，その運動を良好に表すことができる．

b　剛体の重心

図2.2のように剛体を微小要素に分け，この微小要素1つひとつに働く重力を考える．ある点Gをとり，この点Gを基準に各微小要素の重力によるモーメントを考えたとき，それらのモーメントの総和がゼロになる点Gを**重心**（center of gravity）という．言い換えると，重心とは微小要素の重力を1つに集約させた場合の作用点である．モーメントについては2.2節(2)項gおよび2.2節(7)項で説明する．

c　変位，速度，加速度

質点や剛体の運動（動き）を考えるとき，ある時間において，その質点や剛体

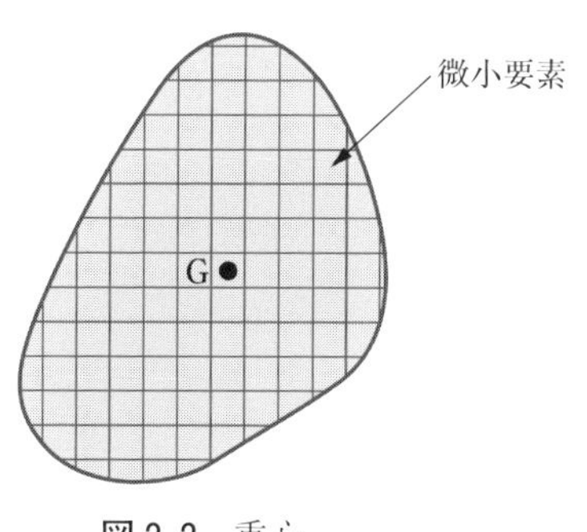

図2.2　重心

がどの位置にいるのか，どれくらいの速さで運動しているのかなどが重要になる．中でも，変位や速度，加速度は，運動を表す上で極めて重要な物理量である．なお，以下に示す変位，速度，加速度はいずれもベクトル量であるが，ここでは簡単のため，スカラー量として説明する．

変位（displacement）とは，質点や剛体の位置のことである．原点からどれだけ離れた位置にいるかを表す．振動工学では，変位を記号 x（または，y，z）で表すことが多い．単位は〔m〕である．

速度（velocity）とは，質点や剛体の変位が単位時間（たとえば，1 秒間や 1 時間）あたりにどれだけ変化したかを表す．振動工学では，速度を記号 $\dot{x}$（エックスドットと読む）で表すことが多い．物理学では v や $\dfrac{dx}{dt}$ などで表すことが多い．単位は〔m/s〕である．

ある時間 Δt あたりの変位の変化を Δx とすれば，平均の速さは，

$$\frac{\Delta x}{\Delta t} \tag{2.1}$$

となる．この時間 Δt を限りなく小さくしたものが速度であり，

$$\dot{x} = \lim_{\Delta t \to 0} \frac{\Delta x}{\Delta t} = \frac{dx}{dt} \tag{2.2}$$

と書き表される．

加速度（acceleration）とは，質点や剛体の速度 $\dot{x}$ が単位時間あたりにどれだけ変化したかを表す．振動工学では，加速度を記号 $\ddot{x}$（エックスツードットと読む）で表すことが多い．物理学では a や $\dfrac{d^2x}{dt^2}\left(= \dfrac{d}{dt}\left(\dfrac{dx}{dt}\right)\right)$ などで表すことが多い．単位は〔m/s^2〕である．2.2 節(3)項のとおり，加速度は力に関連する物理量であり，力学では極めて重要なものである．

ある時間 Δt あたりの速度の変化を $\Delta \dot{x}$ とすれば，加速度は，速度の場合と同じ考え方で，

$$\ddot{x} = \lim_{\Delta t \to 0} \frac{\Delta \dot{x}}{\Delta t} = \frac{d\dot{x}}{dt} = \frac{d}{dt}\left(\frac{dx}{dt}\right) = \frac{d^2x}{dt^2} \tag{2.3}$$

と書き表される.

d 角度, 角速度, 角加速度

ある一点を中心として円を描くような円運動においては, 質点や剛体の位置（変位), 速度, 加速度を, 角度, 角速度, 角加速度で表すことができる.

角度（angle）は, 基準となる位置からの中心まわりの回転量である. 振動工学では, 角度を記号 θ で表すことが多い. 角度の単位として, 一周を 360 等分した「°（度)」が一般的であるが, 力学では半径と円弧の長さの比である「rad（ラジアン)」がよく使われる. この表し方は弧度法として知られている.

図 2.3 のように半径を r, 円弧の長さを l とすれば, 弧度法では角度 θ を以下のように表す.

$$\theta = \frac{l}{r}\,\text{〔rad〕} \tag{2.4}$$

つまり, 円を考えた場合, 円周は直径 $2r$ の円周率 π 倍, つまり半径 r の 2π 倍になるから, $360° = 2\pi$〔rad〕である. そのため,〔°〕から〔rad〕へは次の式で変換できる.

$$\theta\,\text{〔°〕} = \frac{2\pi}{360}\theta\,\text{〔rad〕} = \frac{\pi}{180}\theta\,\text{〔rad〕}$$ あるいは,

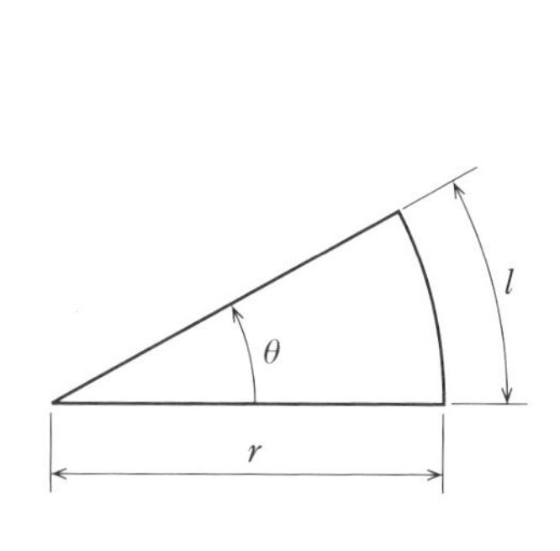

図 2.3 角度

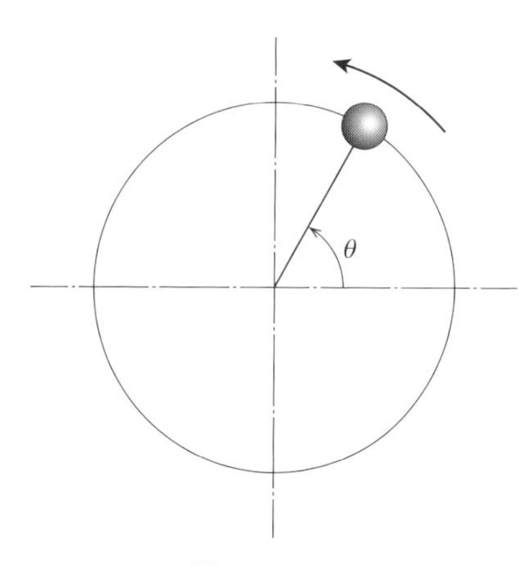

図 2.4 円運動

$$\theta\,[\mathrm{rad}] = \frac{180}{\pi}\theta\,[^\circ] \tag{2.5}$$

また，図 2.4 のような質点の円運動を考えたとき，質点が単位時間あたりにどれだけの角度を回転したかを**角速度**（angular frequency）という．振動工学では，角速度を記号 $\dot{\theta}$ で表すことが多い．あるいは ω で表すこともある．単位は〔rad/s〕である．つまり，直線運動における速度のように，ある時間 Δt あたりの角度の変化を $\Delta\theta$ とすれば，角速度 $\dot{\theta}$ は，

$$\dot{\theta} = \lim_{\Delta t \to 0} \frac{\Delta\theta}{\Delta t} = \frac{d\theta}{dt} \tag{2.6}$$

と書き表される．

同じく，**角加速度**（angular acceleration）とは，質点や剛体の角速度が単位時間あたりにどれだけ変化したかを表し，$\ddot{\theta}$（あるいは $\dot{\omega}$）で表すことが多い．単位は〔rad/s²〕である．2.2 節(7)項のとおり，角加速度はトルクに関連する物理量である．ある時間 Δt あたりの角速度の変化を $\Delta\dot{\theta}$ とすれば，角加速度は，

$$\ddot{\theta} = \lim_{\Delta t \to 0} \frac{\Delta\dot{\theta}}{\Delta t} = \frac{d\dot{\theta}}{dt} = \frac{d}{dt}\left(\frac{d\theta}{dt}\right) = \frac{d^2\theta}{dt^2} \tag{2.7}$$

と書き表される．

(2)　力とモーメント

a　振動工学で考える力

世の中にはさまざまな力があるが，振動工学では，物体の運動の状態（変位や速度，加速度）の変化量によって求められる慣性力，復元力，減衰力を基本的な力として考える．対象によっては，摩擦力や重力を考えることもある．いずれも力なので，単位は〔N〕である．

b　慣性力

電車に乗っているときを思い出してほしい．あるいは，実際に電車に乗って確かめてほしい．直線上を走っているならば，電車が駅から出発して加速している

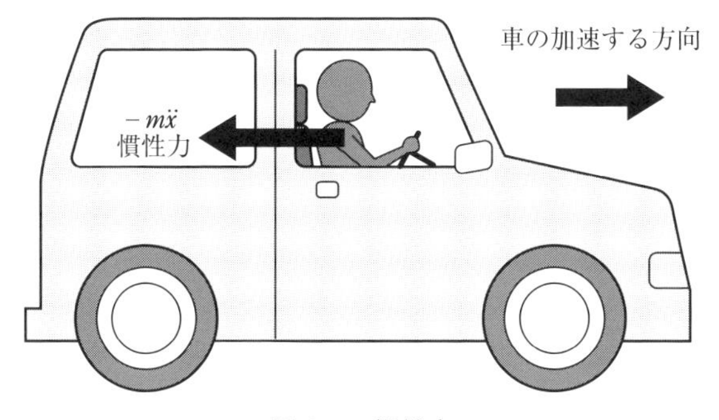

図 2.5　慣性力

とき，もしくは，駅に近づいて減速しているときに人は力を受け，思わずつり革や手すりを握ってしまうだろう．図 2.5 のように自動車に乗っているときならば，アクセルを踏んで加速しているときに座席に押し付けられる力が，ブレーキを踏んで減速しているときには前のめりになる力が働く．この力は，一定の速度で移動している際には働かない．これらの力を**慣性力**（inertia force）と呼ぶ．慣性力は物体の加速度 $\ddot{x}$ に比例する力で，その比例定数は質量 m である．したがって，慣性力は次式で表される．

$$F = -m\ddot{x} \tag{2.8}$$

上述のとおり，慣性力は自動車が前（正の方向）に進むとシートに押し付けられる方向（負の方向）に働くため，式(2.8)のとおり，慣性力の符号はマイナスになる．

c　復元力

図 2.6 のように，ばねや輪ゴムを引っ張るときのことを考える．なお，機械工学の分野では「ばね」をカタカナで「バネ」とは書かず，ひらがなで「ばね」と書くことが多い．図 2.6 のように，ばねを長く伸ばすには大きな力で引っ張る必要がある．ばねの伸びる量と引っ張る力の関係には「フックの法則」がある．本書では，フックの法則が成り立つ，ばねの伸び量と引っ張る力が比例する範囲を扱う．このとき，ばねにはもとの形に戻ろうとする力 F が働く．この力 F のこ

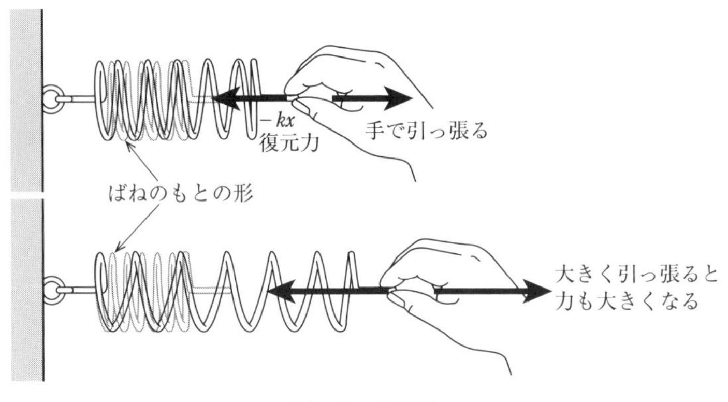

図 2.6　復元力

とを**復元力**（restoring force）という．復元力はばねの伸び，つまり変位 x に比例し，その比例定数を**ばね定数**（spring constant）k と呼ぶ．したがって，復元力は次式で表される．

$$F = -kx \tag{2.9}$$

図 2.6 のように，ばねを右に引っ張ったとき，復元力はばねがもとの形に戻ろうとする力なので，復元力の向きは左向きになる．したがって，式(2.9)のとおり，復元力の符号はマイナスになる．

式(2.9)において，復元力の単位が〔N〕，変位の単位が〔m〕であることに注意すれば，ばね定数 k の単位は〔N/m〕になる．単位からもわかるとおり，ばね定数 k は，ばねを 1 m 伸ばすのに必要な力〔N〕を表す値であり，つまりは，ばねの硬さのことである．

なお，ここではばねを例に出したが，どのような物体でも，力が加えられて変形するともとの形に戻ろうとする性質をもつ．この性質のことを**弾性**（elasticity）と呼ぶ．金属の塊でも，石でも，木でも，力を加えた際の変形はわずかかもしれないが，ばねと同じ性質をもつ．

d　減衰力

お風呂で湯船に浸かり，手でお湯をかいてみる．ゆっくりと手を動かすぶんに

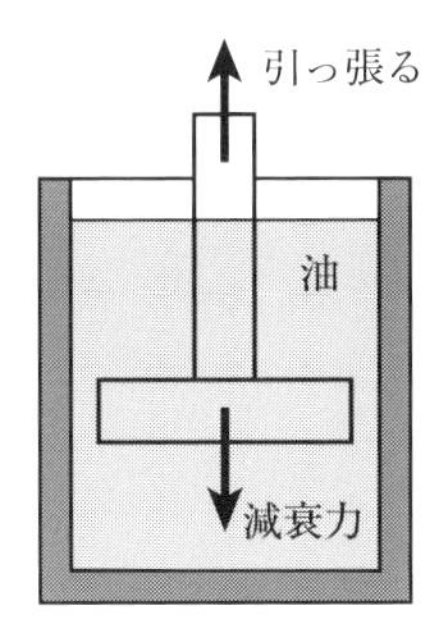

図 2.7　減衰力

は大した力はいらないが，速く動かそうとすると大きな力が必要になる．あるいは，図 2.7 のように筒の中に油を入れ，先端が筒の内側より少し小さい径の棒で上下にかき混ぜることを考える．このとき，ゆっくりと棒を引き抜くぶんには小さな力ですむが，速く引き抜こうとすると大きな力が必要になることが容易に想像できる．このように速度 $\dot{x}$ に比例する抵抗力を**減衰力**（damping force）と呼ぶ．したがって，減衰力は c を比例定数として次式で表される．

$$F = -c\dot{x} \tag{2.10}$$

図 2.7 のように，減衰力は抵抗する力であり，引っ張る方向つまり速度の方向と逆向きに働くから，式(2.10)のとおり，その符号はマイナスになる．

また，比例定数 c を**減衰係数**（damping coefficient）と呼ぶ．式(2.10)において，減衰力の単位が〔N〕，速度の単位が〔m/s〕であることに注意すれば，減衰係数 c の単位は〔Ns/m〕になる．つまり，減衰係数 c は物体を 1 m/s の速度で動かすのに何〔N〕の力が必要であるかということを表す値である．

e　摩擦力

図 2.8 のように，机などの上に乗った物体を横に滑らせるのには力が必要である．その際，物体の運動に抵抗する力が働く．この力を**摩擦力**（friction force）という．一般に，摩擦力は机などの摩擦面に垂直に働く力（図 2.8 の場合は重力 mg）に，運動する物体と摩擦面との材質などで決まる摩擦係数 μ を乗じることで得られる．したがって，摩擦力は次式で表される．

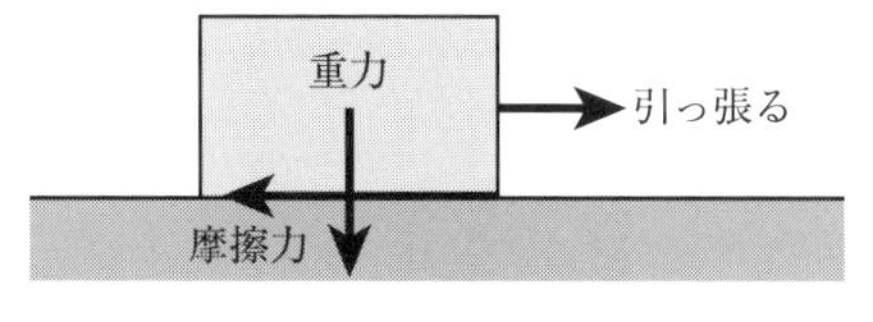

図 2.8　摩擦力

$$F = -\mu mg \cdot \mathrm{sgn}(\dot{x}) \tag{2.11}$$

ここで，sgn( )は符号関数と呼ばれるもので，サインあるいはシグナムと読む．符号関数はカッコ内の数字（式(2.11)では速度 $\dot{x}$）が正のとき 1，ゼロのとき 0，負のとき −1 になる関数である．図 2.8 のように，摩擦力は抵抗する力であり，引っ張る方向，つまり速度の方向と逆向きに働くから，式(2.11)の符号はマイナスになる．

なお，引っ張って動かそうとはしているものの摩擦により滑りが生じない場合は，式(2.11)に示した摩擦力ではなく，引っ張る力と同じ大きさの摩擦力が発生する．これを，**静止摩擦力**（static friction force）という．また，徐々に引っ張る力を大きくしていくとき，滑りが生じる直前の摩擦力を**最大静止摩擦力**（maximum static friction force）という．滑り出してからの摩擦力を**動摩擦力**（kinetic friction force）という．実際の物理現象では，運動する物体と摩擦面との材質が同じでも，最大静止摩擦力と動摩擦力が違うことが多い．いずれの摩擦力も式(2.11)に従うものとして考えられるが，静止摩擦力のときの摩擦係数を**静止摩擦係数**（static friction coefficient）μ_s，動摩擦力のときの摩擦係数を**動摩擦係数**（kinetic friction coefficient）μ_k として区別する．一般には動摩擦力の方が静止摩擦力に比べて小さく，つまり $\mu_k < \mu_s$ となる．

d 項の減衰力も本項の摩擦力も運動を止めようとする抵抗力である．そこで，これらの違いを明確に表すために，d 項の抵抗を**粘性減衰**（viscous damping），本項の抵抗を**摩擦減衰**（friction damping）と呼ぶ．なお，式(2.11)のような摩擦を**クーロン摩擦**（Coulomb friction）と呼ぶこともある．

f　重力

よく知られた力として，**重力**（gravity, gravitational force）がある．重力は物体が地球により引っ張られる力であり，物体の位置や速度，加速度によらず，いかなるときも働く，時間によってその大きさや向きが変化しない力である．したがって，基本的には時々刻々変化する力に着目する振動工学で取り扱う運動には関係しない．ただし，3.5 節(3)項のとおり，振り子の振動は振り子の角度により重力の影響が変わってくるため，重力を考える．

g　モーメント

質点や剛体の運動が直線的である場合は，それらの運動を変える作用として力に注目する．一方，剛体が回転を伴いながら運動する場合は，力 F に回転の中心から力の作用点までの距離 r を乗じた**モーメント**(moment) M（もしくは T）に注目する．モーメントについては，2.2 節(7)項でも説明する．

(3)　運動の法則

物体に作用する力とその運動との間には，以下のような**ニュートンの運動の法則**（Newton's laws of motion）がある．ここでは，法則の定義を正確に示すため，変数をベクトルで表示している．

第一法則（慣性の法則）

外から力を受けない物体は，その運動の状態を変えずに静止しているか，等速度運動を続ける．

第二法則（運動の法則）

物体に外から力 $\boldsymbol{F}$ が作用するとき，物体の加速度 $\boldsymbol{a}$ は物体の質量 m に逆比例し，力の大きさに比例する．すなわち，

$$\boldsymbol{a} = \frac{1}{m}\boldsymbol{F} \quad \text{もしくは} \quad m\boldsymbol{a} = \boldsymbol{F} \tag{2.12}$$

第三法則（作用・反作用の法則）

2個の物体が互いに力を及ぼし合うとき，その2つの力の大きさは等しく，向きは逆である．

ニュートンはご存知のとおり人名で，Issac Newton（1642～1727）のことである．ニュートンは1687年に著書『自然哲学の数学的原理』の中で，最初の位置と速度が与えられ，力がわかっていれば，その後の運動は定まると述べた．

さて，ニュートンの運動の法則のうち，振動工学では物体に働く力とその物体の運動の関係を表した第二法則が重要である．力とは，物体の速度や運動の方向を変化させるものである．第二法則において，特に，

$$m\boldsymbol{a} = \boldsymbol{F} \tag{2.13}$$

を**運動方程式**(equation of motion)と呼ぶ．式(2.13)は，単に $m\boldsymbol{a}$ が力 $\boldsymbol{F}$ であるということを表しているのではない．物体に働く力 $\boldsymbol{F}$ が，物体の質量 m を比例定数として，物体に加速度 $\boldsymbol{a}$ の運動をさせることを表している．

ところで，式(2.13)を変形して，

$$-m\boldsymbol{a}+\boldsymbol{F} = 0 \tag{2.14}$$

とすれば，左辺第1項 $-m\boldsymbol{a}$ は2.2節(2)項bに示した慣性力ととらえることができる．そもそも，復元力や減衰力などは，ばねなどの接触しているものから受ける直接的な力であるのに対し，慣性力は運動することで働く見かけ上の力である．このように，$-m\boldsymbol{a}$ を慣性力として考えることで，式(2.14)は慣性力とそれ以外の力の釣り合いを表す式になる．このような考え方を**ダランベールの原理**（d'Alembert's principle）と呼ぶ．

式変形が非常に単純であるから，ダランベールの原理のありがたさはわかりにくい．しかしながら，式(2.13)は物体の運動とその物体に働く力の関係を表す動力学的なものなのに対し，式(2.14)はある時間において物体に働く各種の力の関係を表す静力学的なものになる．

運動方程式を振動工学に適用する際の留意点は，2.3節(4)項にも記載している．

(4)　等速円運動と単振動

物体が一定の速さで円周上を回転する運動を**等速円運動**（uniform circular motion）という．時計の針の先端の動き，回転するレコード盤上のある一点の動きなどが等速円運動である．

ここで，2.2 節(1)項 d に述べたとおり，単位時間あたりにどれだけ回転したかを**角速度**（angular velocity）ω と呼ぶ．等速円運動では角速度は一定であるため，時間の関数であるという意味合いが強い $\dot{\theta}$ よりも ω を使うことが多い．角速度 ω は 1 秒間あたりに何〔rad〕だけ回転したかを表し，単位は〔rad/s〕である．しかし，通常何〔rad〕といわれてもピンとこないだろう．そこで，単位時間あたりに何回回転したかを表す**回転数**（number of revolutions）n を使うこともある．一般には，単位時間を 1 秒間とし，回転数 n の単位として〔cps〕（cycle per second）や〔rps〕（revolution per second）を使用する．また，機械の世界では，慣例的にエンジンの回転数などを 1 分間あたりの回転数 n〔rpm〕（revolution per minute）で表すことも多い．ここで，車のエンジンなどのように 1 分間に 2 000 回転している，つまり回転数 2 000〔rpm〕で回転しているといわれればピンとくるが，時計の秒針のように 1 秒間に 1/60 回転している，つまり回転数 1/60〔cps〕といわれてもあまりピンとこない．こういうときは，1 回転するのにどれだけの時間がかかるかを表す**周期**（period）T で表現した方がよい．たとえば，時計の秒針は 60 秒で 1 回転するので，周期 T は 60〔s〕である．

角速度 ω〔rad/s〕，回転数 n〔cps〕，周期 T〔s〕の間には，以下の関係がある．

$$\omega = 2\pi n \tag{2.15}$$

$$T = \frac{1}{n} = \frac{2\pi}{\omega} \tag{2.16}$$

1 回転は $360° = 2\pi$〔rad〕であり，角速度 ω と回転数 n が式(2.15)の関係にあるのは容易に理解できる．また，上述の秒針の例のように，回転数 1/60〔cps〕であれば周期 T は 60〔s〕であるから，周期 T と回転数 n が式(2.16)の関係にあるのも容易に理解できる．

次に，図 2.9 のように等速円運動を横から見てみると，円を描いていた点が上

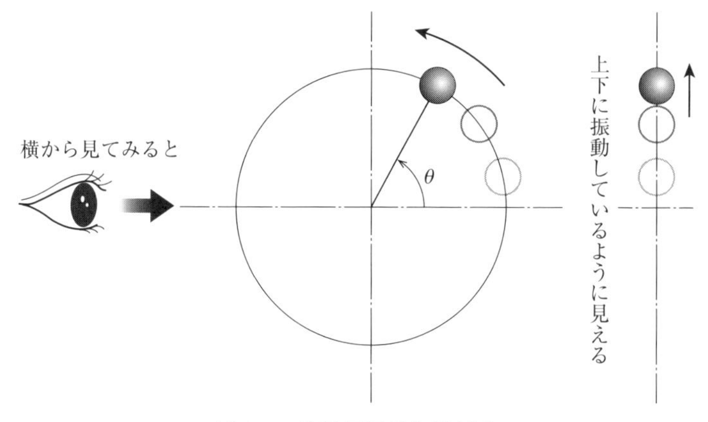

図 2.9　等速円運動と単振動

下に振動しているように見える．このような振動を**単振動**（simple harmonic motion），あるいは**調和振動**（harmonic vibration）という．振動する方向は上下以外でもよい．

物理現象の一部は，単振動で表されることがある．たとえば，ばねで吊るされたおもりの振動などである．ただし，実際の振動は空気抵抗や摩擦などで徐々に小さくなるため，単振動は理想的な振動といえる．

さて，この上下振動の軌跡を描いてみよう．地震計のように，時々刻々の点の位置を，横軸に時間，縦軸に変位をとって表したグラフを**時刻歴波形**（time history waveform，時系列波形とも，あるいは単に波形）という．時刻歴波形では縦軸に加速度や速度，力などをとることもある．図 2.10 に単振動の時刻歴波形を示す．図 2.10 のように，単振動の変化は式(2.17)に示すように三角関数で表される．

$$x = A\cos(\omega t - \phi) \tag{2.17}$$

このとき，単振動の特徴を表す変数として，**振幅**（amplitude）A〔m〕，**円振動数**（circular frequency）ω〔rad/s〕，**振動数**（frequency）f〔Hz〕，**周期**（period）T〔s〕，**位相角**（phase angle）ϕ〔rad〕がある．振幅 A は文字どおり振動の振れ幅で，何〔m〕の幅で振動しているかを表すものである．ただし，通常は振動の中央を原点に取り，片側にどれだけ振動しているかを指す．特に，片側の

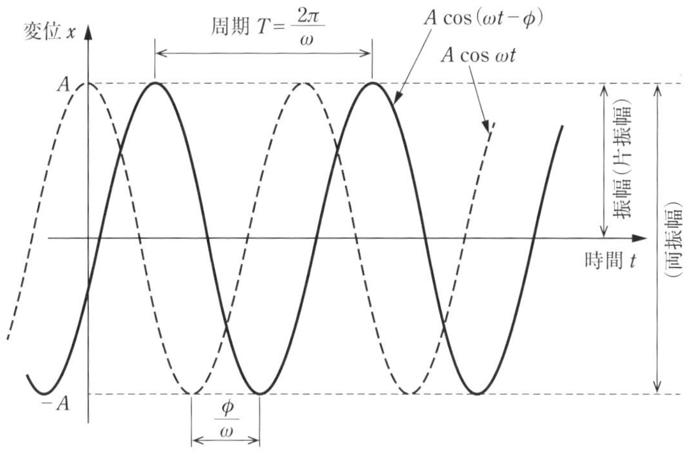

図 2.10 単振動の波形

振れ幅であることを強調したいときには**片振幅**（half amplitude）と呼び，他方，トータルの振れ幅を指すときには**両振幅**（both amplitude，peak to peak）と呼ぶ．円振動数 ω〔rad/s〕は，1 秒間に何〔rad〕振動するかを表すものである．円振動数 ω が大きいほど，小刻みに振動する．振動数 f〔Hz〕は，1 秒間に何回振動するかを表すものである．周期 T〔s〕は 1 回振動するのに何秒要するかを表すものである．位相角 ϕ〔rad〕は時間 t 秒における変位 x が $\cos\omega t$ と比較して何〔rad〕ずれているかを表すものである．

図 2.10 において，実線で描いた $A\cos(\omega t-\phi)$ は，点線で描いた $A\cos\omega t$ よりも右に進んでいるように見えるため，位相角の符号はプラスになると思う読者もいるかもしれない．しかし，グラフをよく見れば，本来 0 秒で最大値をとるはずの cos カーブが，少し遅れて最大値をとるので，この場合，位相遅れであり，符号はマイナスになる．なお，図 2.10 の横軸は時間であるため，角度である位相角 ϕ を円振動数 ω で除すことで，位相角 ϕ に相当する時間に変換している（$T=\dfrac{2\pi}{\omega}$ の関係から，角度を円振動数 ω で除すことで，相当する時間に変換できることがわかる）．

以上のように，等速円運動と単振動は類似しており，それぞれの変数は表 2.3 のように整理できる．

表 2.3　等速円運動と単振動

等速円運動	単振動	説明
半径 r〔m〕	振幅 A〔m〕	点が移動する範囲
角速度 ω〔rad/s〕	円振動数 ω〔rad/s〕	運動の速さを〔rad〕で表したもの
回転数 n〔cps〕	振動数 f〔Hz〕	1 秒間に同じ動きが何回繰り返されるか
周期 T〔s〕	周期 T〔s〕	何秒ごとに同じ動きが繰り返される

(5)　絶対座標と相対座標

物体の動きを考えるときに，どこを基準にするかが極めて重要である．たとえば，図 2.11 のような走行中の電車を考える．電車の中には，座っている乗客と歩いている人がいるとする．車内に座っている人からは，歩いている人は歩く速度で移動しているように見える．一方，電車の外で止まって車内の様子を見ている人がいるとする．このとき，電車の外からは，電車の内で歩いている人が電車の速度に歩く速度を加えた速度で移動しているように見える．

同じ歩く人の動きを考えているのに見ている場所によって速度が異なるのは，速度の基準としている座標の原点が異なるからである．車内で座っている人のように，動いている物体の静止点からの座標を**相対座標**（relative coordinate），車外で止まっている人のように，完全に静止している点からの座標を**絶対座標**（absolute coordinate）と呼ぶ．

ただし，厳密には，地球は自転しているし，地震も発生するので，地面は絶対座標系の原点とはいえない．

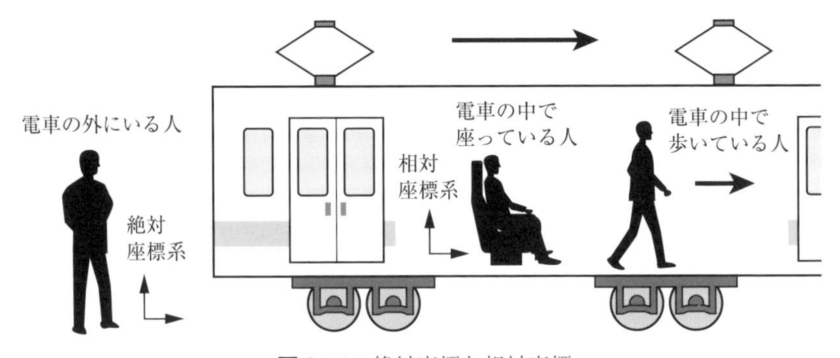

図 2.11　絶対座標と相対座標

振動を考える上では，相対座標なのか絶対座標なのかが極めて重要である．たとえば地震時の建物の振動を計測しようとする際には，地面のある一点を座標の原点にするのか，地面から浮いている空間上の動かない点を座標の原点にするのかで建物の動きのとらえ方は変わる．なぜならば，地震により地面も動くからである．この場合，地面を原点とした場合が相対座標で，地面から浮いている点を原点とした場合が絶対座標になる．どちらの座標を使うべきかは対象とする現象により変わるが，いずれにしてもどこを座標の原点としたのか注意し，慣性力，減衰力，復元力の算出に必要な加速度，速度，変位をどこを起点に求めるかが重要である．たとえば，図 2.11 の電車の例では，座っている人も電車の加減速に合わせて慣性力を受けるため，慣性力は絶対座標によるものである．一方，減衰力や復元力は減衰がどれくらいの速度で動作したか，ばねがどれだけ変形したかによるものであるから，減衰やばねの接続位置にもとづく相対座標系による力である．

(6)　並進運動と回転運動

図 2.12 のように剛体の適当な場所に点 A，B，C を考える．図 2.12(a)のようにすべての点が平行に移動する運動を**並進運動**（translational motion）と呼ぶ．一方で，図 2.12(b)のようにある点（ここでは点 C）を中心にすべての点がその点まわりに同じ角度だけ回転する運動を**回転運動**（rotary motion）と呼ぶ．回

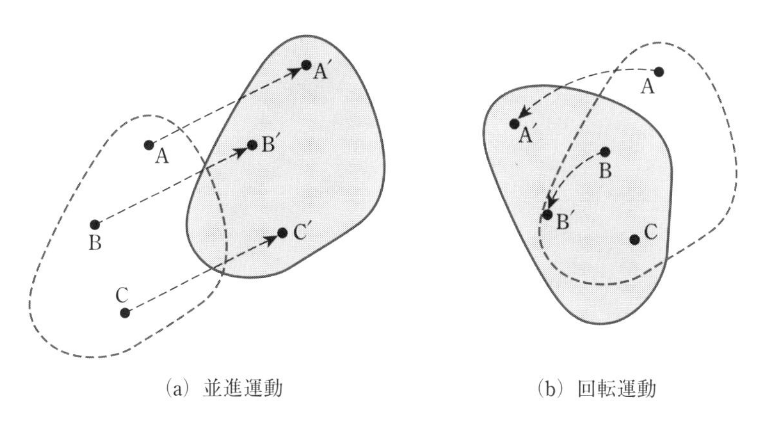

図 2.12　並進運動と回転運動

転運動の例として，振り子の運動がある．

世の中に存在する物体は，どのようなものでも厳密にいえば並進運動と回転運動が組み合わさった運動をする．しかしながら，運動の種類が増えるとそれだけ複雑になり，運動を把握，評価することが困難になるので，小さな運動は無視して考えないこともある．

(7)　慣性モーメント

a　慣性モーメントとは

2.2 節(3)項では，次式に示す運動方程式を紹介した．

$$m\boldsymbol{a} = \boldsymbol{F} \tag{2.18}$$

この運動方程式は並進運動に対するものであるから，これを図 2.13 に示す回転運動に適用する方法を考えてみる．

並進運動では運動方程式を力に注目して表したが，回転運動では力のモーメント T（あるいは，トルクとも呼ぶ）に注目して表す．力のモーメントは力 F に，回転の中心から力の作用点までの距離 r を乗じたもの，すなわち，

$$T = rF \tag{2.19}$$

である．

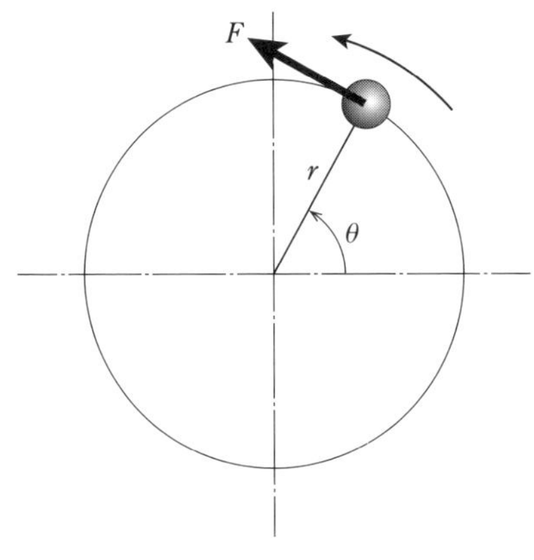

図 2.13　回転運動

メモ：トルク

モータやエンジンなど，回転する機械の能力を表す際にトルクが用いられる．トルクの単位は〔Nm〕であり，単位からもわかるように，回転軸から1 m 離れたところで何〔N〕の力を発生させられるかというものである．

たとえば，図 2.14 のようにモータでものを釣り上げるときのことを考える．図(a)は回転軸から力の作用点までの距離 r_1 が図(b)の r_2 より大きいので，同じトルク T を発生させるモータを使用した場合，$F_1 = T/r_1$ は $F_2 = T/r_2$ よりも小さくなり，図(b)の m_2 よりも軽い m_1 しか釣り上げられない（ただし，回転数が同じであれば，その分，早く持ち上げられる）．

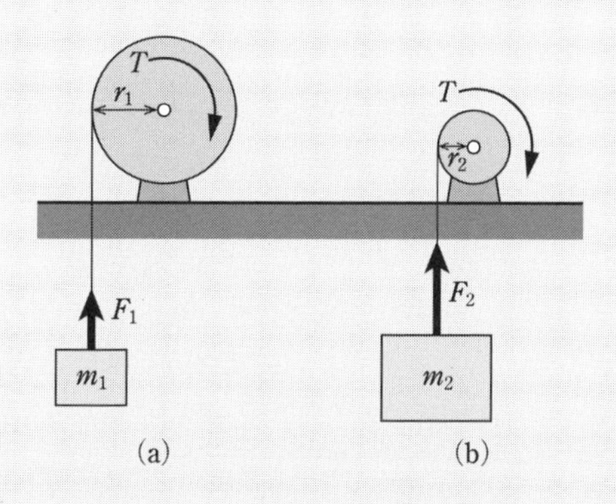

図 2.14　モータによる釣り上げ

また，ボルトの締め付けを考える際にもトルクが用いられる．図 2.15 のように，同じ力 F でボルトを締め付ける場合でも，ボルト中心から力の作用点までの距離 r_1，r_2 によって，トルクは変わる（ボルト中心から離れた位置で締めた方がトルクは大きい）．ボルトは小さな力で締め付けると緩みが生じる一方，あまり大きな力で締め付けすぎるとネジ部などの破損につながるため，締め付ける強さが指定されていることがあるが，その場合はトルクで指定される．

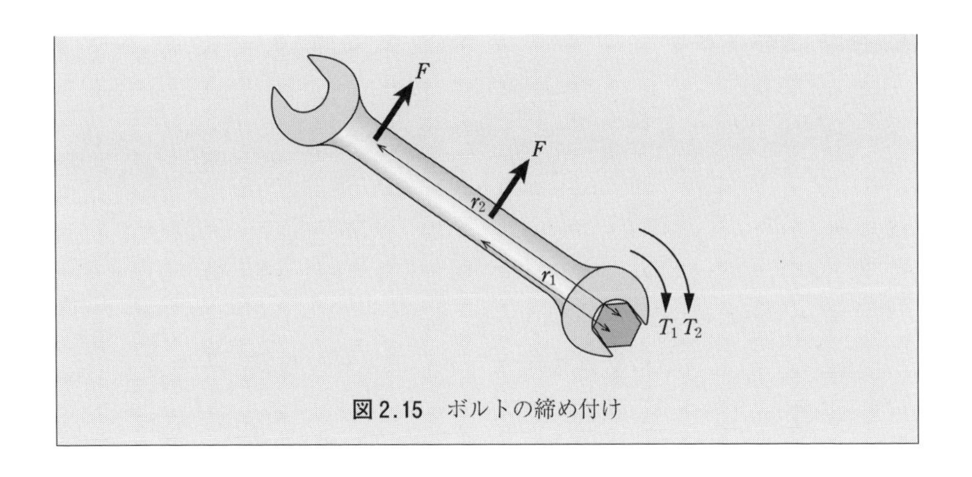

図 2.15 ボルトの締め付け

そこで，力の式である式(2.18)の両辺に距離 r を乗じ，力のモーメントの式にする．式(2.18)ではベクトルで記載したが，ここでは回転運動の接線方向の力のみに注目するから，簡単のためベクトルでは考えない．

$$mra = rF \tag{2.20}$$

また，加速度 a を角加速度 $\ddot{\theta}$ に変換するには，式(2.4)を活用すると，円周上の移動距離 l は，

$$l = r\theta \tag{2.21}$$

であり，r は作用点までの距離で定数であるから，

$$a = \frac{d^2l}{dt^2} = \frac{d}{dt}\left(\frac{dl}{dt}\right) = \frac{d}{dt}\left(\frac{dr\theta}{dt}\right) = r\frac{d}{dt}\left(\frac{d\theta}{dt}\right) = r\frac{d^2\theta}{dt^2} = r\ddot{\theta} \tag{2.22}$$

となる．したがって，式(2.20)は，

$$mr^2\ddot{\theta} = rF \tag{2.23}$$

となる．ここで式(2.23)の左辺の定数部分を，

$$J = mr^2 \tag{2.24}$$

とおく．J を**慣性モーメント**（moment of inertia）〔kg m^2〕と呼ぶ．さらに，式(2.23)の右辺の力のモーメントを式(2.19)のとおり T とおけば，

$$J\ddot{\theta} = T \tag{2.25}$$

となり，回転運動の運動方程式が得られる．

並進運動の運動方程式 $ma = F$ と回転運動の運動方程式 $J\ddot{\theta} = T$ を比較してわかるとおり，慣性モーメント J は並進運動の質量 m に相当するもので，慣性モーメント J が大きいほど静止状態から回転させにくく，また，回転状態から静止させにくい．観覧車などは質量 m も半径 r も大きいことから，慣性モーメント $J = mr^2$ も大きいため，始動させるには大きなトルクが必要だが，一度始動させてしまえば止まりにくい．

b　慣性モーメントの求め方

式(2.24)に示した慣性モーメント J は，図 2.13 のような回転運動をする質点を対象としたものであった．ここでは回転する剛体の慣性モーメント J の求め方を考える．

図 2.16 のように，点 O を中心に回転する剛体を考える．ここで，点 O から r だけ離れた質量 dm の微小要素を考える．式(2.24)によれば，この微小要素の慣性モーメントは r^2dm である．剛体全体の慣性モーメント J を求めるには，これを剛体全域で積分し，

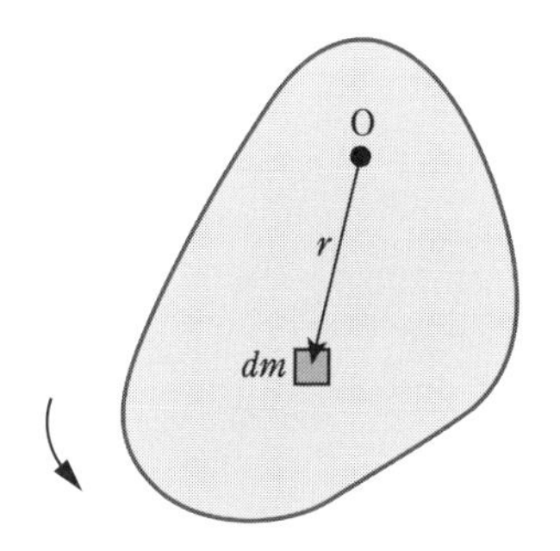

図 2.16　剛体の慣性モーメント

$$J = \int r^2 dm \tag{2.26}$$

とすればよい．このように求めた慣性モーメントは，当然，剛体の形状によっても異なるし，同じ形状でも回転の中心である点Oが変わると距離rが変わり，慣性モーメントJも変わるので注意が必要である．

また，剛体の全質量mと式(2.26)の慣性モーメントJより求まる，

$$\kappa = \sqrt{\frac{J}{m}} \tag{2.27}$$

を**回転半径**（radius of gyration）〔m〕という．式(2.24)と式(2.27)を比較してわかるとおり，回転半径κは，その剛体と慣性モーメントJが等しくなる質量mの質点の，回転中心からの距離である．

c 慣性モーメントの例

図2.17のように，断面積がAで一様，長さがl，密度がρの細い棒が，一端を中心に点Oまわりに回転する場合の慣性モーメントJを考える．点Oからrだけ離れた長さdrの微小要素の質量は$dm = \rho A dr$であり，棒全体の質量mは$m = \rho A l$であるから，式(2.26)より，慣性モーメントJは，

$$J = \int_0^l r^2 dm = \int_0^l r^2 \rho A dr = \frac{\rho A l^3}{3} = \frac{ml^2}{3} \tag{2.28}$$

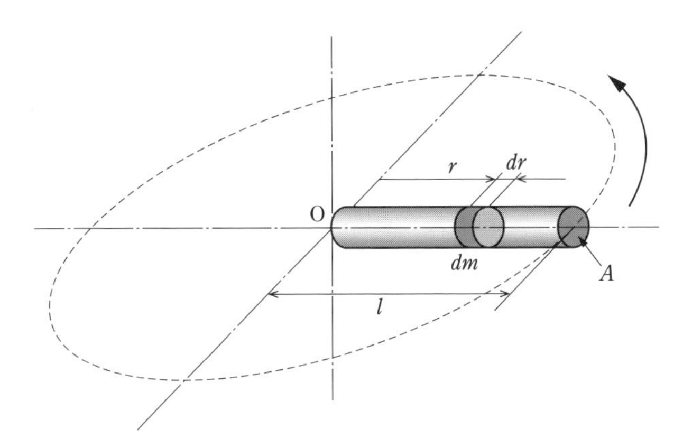

図2.17 一端を中心に回転する棒

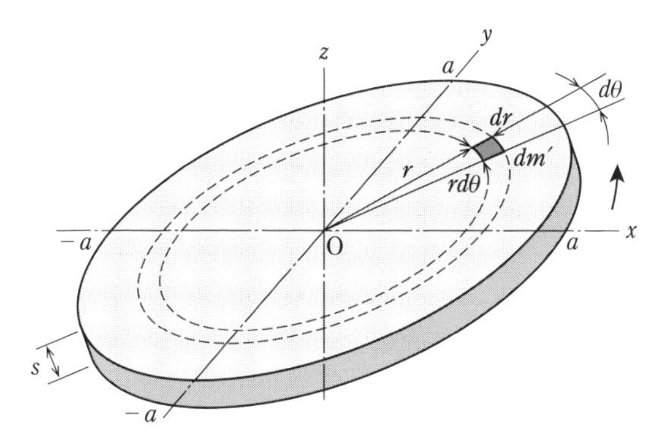

図 2.18 中心まわりに回転する円板

となる．

次に，図 2.18 のように，半径 a，厚さ s，密度が ρ の一様な円板が中心 O まわりに回転する場合の慣性モーメント J を求める．まず，dr と $d\theta$ で囲まれた質量 dm' の微小要素を考える．微小要素の 1 辺の長さは $rd\theta$，他辺は dr であり，質量は体積に密度 ρ をかけて，$dm' = \rho srdrd\theta$ である．したがって，中心 O から半径 r にある幅 dr の円環の質量 dm は，

$$dm = \int_0^{2\pi} dm' = \int_0^{2\pi} \rho srdrd\theta = 2\pi\rho srdr \tag{2.29}$$

となる．円板全体の質量 m は $m = \pi\rho sa^2$ であることに留意すれば，式(2.26)より慣性モーメント J は，

$$J = \int_0^a r^2 dm = \int_0^a r^2 2\pi\rho srdr = \frac{\pi\rho sa^4}{2} = \frac{ma^2}{2} \tag{2.30}$$

となる．

以上のように，慣性モーメント J を求めるには積分の計算が必要であり，設計の際にその都度計算するのは面倒である．したがって，よく使う形状の慣性モーメントは公式としてまとめておくのがよい．表 2.4 に代表的な形状の慣性モーメントを示す．ただし，いずれの形状も密度が一定の一様な剛体である．

表 2.4 主な形状の慣性モーメント

形　状	慣性モーメント
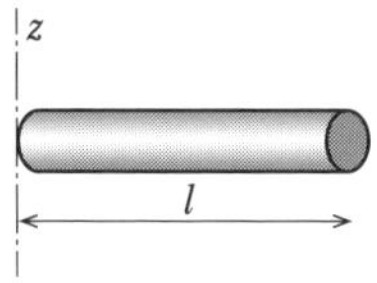 細い棒	$J_z = \dfrac{ml^2}{3}$
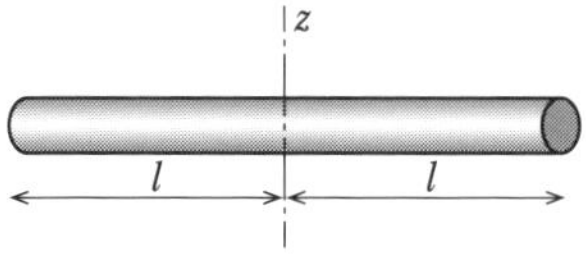 細い棒	$J_z = \dfrac{ml^2}{3}$
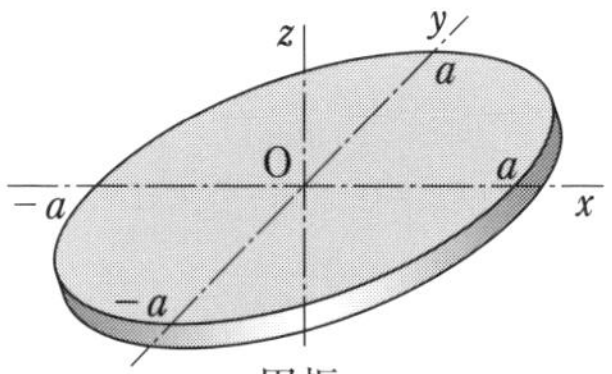 円板	$J_x = J_y = \dfrac{ma^2}{4}$ $J_z = \dfrac{ma^2}{2}$
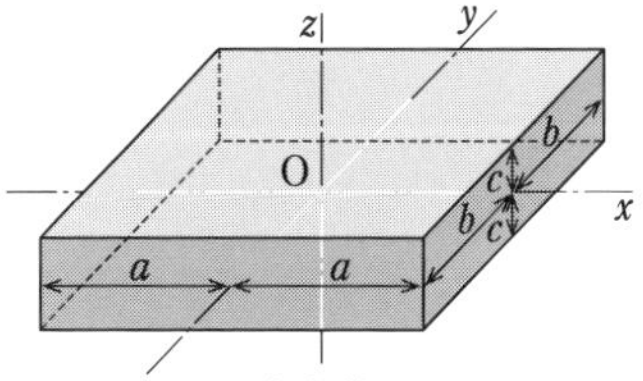 直方体	$J_x = \dfrac{m}{3}(b^2 + c^2)$ $J_y = \dfrac{m}{3}(a^2 + c^2)$ $J_z = \dfrac{m}{3}(a^2 + b^2)$

注）m は剛体の全質量，J_x は x 軸まわりの慣性モーメント，J_y は y 軸まわりの慣性モーメント，J_z は z 軸まわりの慣性モーメント

d　平行軸の定理

表 2.4 に示した慣性モーメント J は，一番上の行の細い棒を除いて重心まわりに回転するものであった．では，回転の中心が重心と異なる場合はどうすればよいのだろうか．図 2.19 に示す重心 G と回転の中心 O が異なる円板の慣性モーメントを求めてみよう．回転中心 O から微小質量 dm までの距離を r' とすれば，式(2.26)より，慣性モーメント J は，

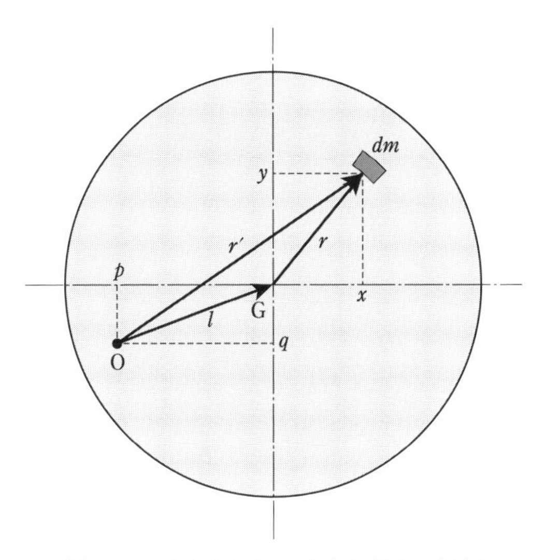

図 2.19　重心と回転の中心が異なる円板

$$J = \int r'^2 dm \tag{2.31}$$

となる．ここで，r' を x，y，p，q で表現すれば，式(2.31)は，

$$\begin{aligned} J &= \int \{(x+p)^2 + (y+q)^2\} dm \\ &= \int \{x^2 + 2xp + p^2 + y^2 + 2yq + q^2\} dm \\ &= \int (x^2+y^2) dm + (p^2+q^2) \int dm + 2p \int x dm + 2q \int y dm \end{aligned} \tag{2.32}$$

となる．式(2.32)の右辺第 1 項に $r^2 = x^2 + y^2$，第 2 項に $l^2 = p^2 + q^2$ を用いれば，

$$J = \int r^2 dm + l^2 \int dm + 2p \int x dm + 2q \int y dm \tag{2.33}$$

となる．さらに，式(2.33)の右辺第 1 項は回転の中心が重心 G の場合の慣性モーメント（J_G とおく），右辺第 2 項の積分部分は全質量 m，第 3，4 項の積分部分は x，y が重心 G からの距離でありゼロになるから，

$$J = \int r^2 dm + l^2 m + 0 + 0$$
$$= J_G + ml^2 \tag{2.34}$$

となる．ここで，式(2.34)で得られた，

$$J = J_G + ml^2 \tag{2.35}$$

を**平行軸の定理**（parallel axis theorem）と呼ぶ．平行軸の定理を用いれば，重心と回転の中心が異なる剛体に対しても，重心から回転中心までの距離がわかれば簡単に慣性モーメントを求めることができる．

2-3 振動工学の基礎

物体がどのように振動するか，つまり，どれくらいの大きさや速さで振動するか，どのような形状に変形しながら振動するか，どれくらいで振動が収まるかなどを扱う学問を**振動工学**（vibration engineering）という．次章以降で振動工学の本題に入るが，ここでは振動工学の基礎となるものを取り上げる．

(1) 自由度

ある物体が運動しているとき，その運動を記述するのに必要かつ十分な変数（位置や向きなど）の数を**自由度**（degree of freedom）という．図 2.20(a)は質点が直線上を動く場合である．質点の運動は原点 O からの距離 x だけで表すことができるので，一自由度である．図(b)は 2 個の質点が直線上を運動する場合である．いずれの運動も x_1，x_2 で表すことができるので，全体として二自由度になる．図(c)は質点が 1 つであるが，平面上を運動する場合である．質点の運動を表すには x 座標のほか，y 座標も必要であり，二自由度である．図(d)は剛体が空間を運動する場合である．剛体の位置は x，y，z 座標の 3 つで表現できるが，物体の向きを表すには各軸まわりの回転に関する情報が必要である．したがって，自由度は並進方向 3，回転方向 3 の六自由度である．

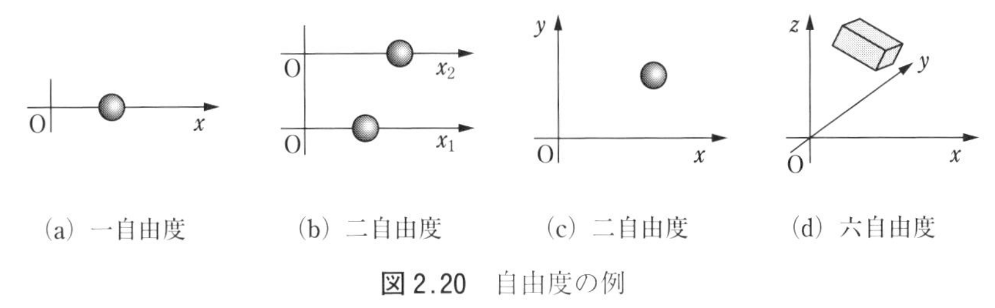

図 2.20　自由度の例

(2)　モデル化

機械や構造物を設計したり，その振動を評価したりする場合，振動学で学んだ知識を活用するためには，実際の機械や構造物を単純なモデルに置き換える**モデル化**（modeling）が必要である．以下に，モデル化の基礎やモデル化の際に使用する記号を説明する．

a　質点，剛体のモデル

2.2 節(1)項 a で示した質点や剛体を図で表すときは，図 2.21 のように四角形や円などの図形で表す．質点のモデルは，図 2.21(a)のように，重心を代表させた点を四角形や円などで表す．剛体のモデルは，図 2.21(b)のように，対象物の大まかな形状を表現した四角形などの図形で表す．いずれの場合も，図形の中や周辺に，質量の記号である m や慣性モーメントの記号である J を書くことがある．

なお，本書では，並進運動をする質点を四角形で，回転運動する質点を円で表すこととした．

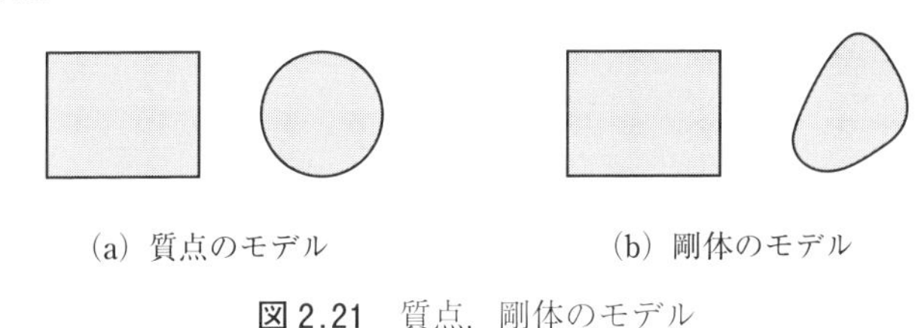

(a) 質点のモデル　　(b) 剛体のモデル

図 2.21　質点，剛体のモデル

b　座標軸

質点や剛体がどちら方向に運動するかを表すために，図 2.22 に示す座標軸を

モデルの図に記載する．図 2.22(a)は直線運動（一自由度）の座標軸の例であり，変位を x で表し，左端を原点として右側を正方向にすることを意味している．

図 2.22(b)は平面運動（二自由度）の座標軸の例であり，水平方向の変位を x，上下方向の変位を y で表し，水平方向は左端を原点として右側を正方向に，上下方向は下端を原点として上側を正方向にすることを意味している．

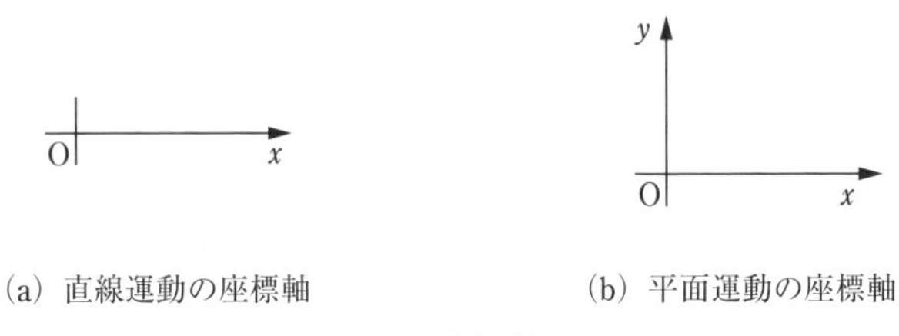

(a) 直線運動の座標軸　(b) 平面運動の座標軸

図 2.22　座標軸の例

c　復元力のモデル

2.2 節(2)項 c に示したように，ばねが変形するともとの形状に戻ろうとする復元力が働く．図 2.6 はばねを例に記載しているが，どのような物体でもばねのような作用をもつ．たとえば，筆箱の中の定規を取り出し，少しだけ力を加えて曲げてみるともとの形状に戻ろうとする復元力を感じることができるだろうし，加えた力を弱めればもとの形状に戻るだろう．金属の板や建物の柱などでさえ，大きな力を加えればこのような作用が得られる．このように復元力を発生させるばねに相当する部分を**ばね要素**（spring element）と呼び，図 2.23 のように表す．

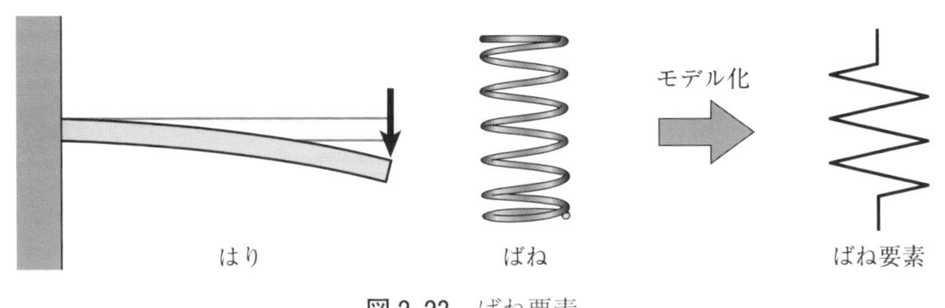

図 2.23　ばね要素

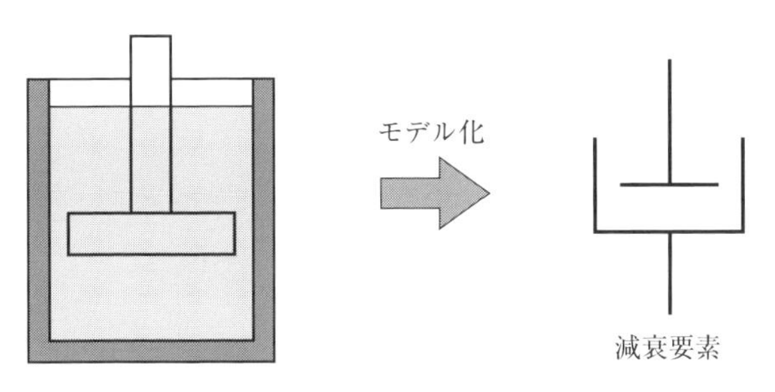

図 2.24　減衰要素

d　減衰力のモデル

2.2 節(2)項 d に示したように，流体などの抵抗により減衰力が働く．たとえば，自動車のショックアブソーバーや開き戸がゆっくり閉まるためのドアクローザーなどのように，減衰力を発生させる部分を**減衰要素**（damping element，ダッシュポットともいう）と呼び，図 2.24 のように表す．ショックアブソーバーやドアクローザーなどの機械部品以外にも，空気抵抗や摩擦などにより抵抗が生じる場合に減衰要素で表すことが多い．

e　振動系のモデル

図 2.25 のような自動車の振動を考える．自動車はさまざまな部品から構成され，たとえばタイヤ，サスペンション，車体などがばね要素となり，複雑な振動をする．これらの振動をすべて網羅するのは不可能であるから，注目したい振動

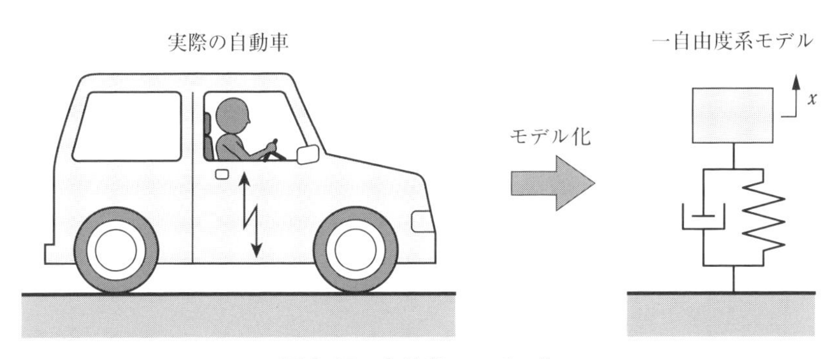

図 2.25　自動車のモデル化

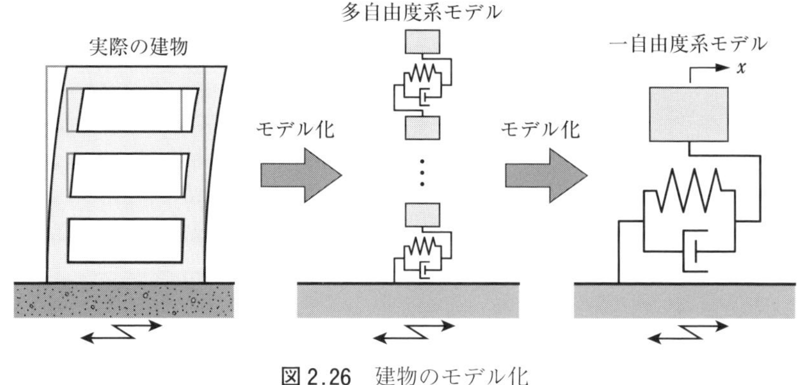

図 2.26　建物のモデル化

を表現できるように単純な振動系にモデル化する．ここで，質量や減衰要素，ばね要素などが組み合わされてできたモデルを**振動系**（vibration system）と呼ぶ．図 2.25 は車内の上下振動に着目して一自由度系にモデル化した例である．

図 2.26 は建物のモデル化の例である．建物も複数の柱やはり，壁から構成され，地震時などは複雑な揺れをする．しかしながら，建物全体の挙動を概略的に評価するのであれば，単純なモデルに置き換えることができる．建物の居住空間は空洞であり，質量は床や天井，柱や壁に集中している．また，柱や壁はばね要素になる．そこで，柱や壁の質量を各階の床および天井に集約すれば，同図の多自由度系モデルのように表現することができる．さらに，各階が同じ方向に動くと仮定して一自由度系モデルにモデル化することも可能である．なお，ここでは建物が横方向に振動する例をあげたが，当然，奥行き方向，上下方向の振動も生じる．

以上のモデル化においては，どこの動きに注目するか，自由度はいくらか，どこがばね要素，減衰要素になるか，どこに力が働くかなどに注意が必要である．これらはモデル化したい構造物によりケースバイケースであり，モデル化はエンジニアとしてのセンスが問われるところである．

(3)　ばね要素・減衰要素の合成

モデル化に際し，複数のばね要素を 1 つの等価なばね要素に置き換えて表現することがある．ここでは，複数のばね要素と減衰要素を，1つの等価なばね要素と減衰要素に置き換える方法を説明する．

図2.27のように並列に結合された2つのばね要素を1つのばね要素に合成することを考える．結合されたばねをxだけ引っ張ったとき，ばね定数k_1のばねはF_1，ばね定数k_2のばねはF_2の復元力を発生させたとする．これを合成してばね定数k_eのばねに置き換えたい．式(2.9)ならびに，復元力F_1，F_2は並列に働くこと，k_1，k_2，k_eのばねの伸びはいずれもxであることに留意すれば，合成したばねのばね定数k_eは以下のように算出される．

$$
\begin{aligned}
F &= F_1 + F_2 \\
k_e x &= k_1 x + k_2 x \\
k_e &= k_1 + k_2
\end{aligned}
\tag{2.36}
$$

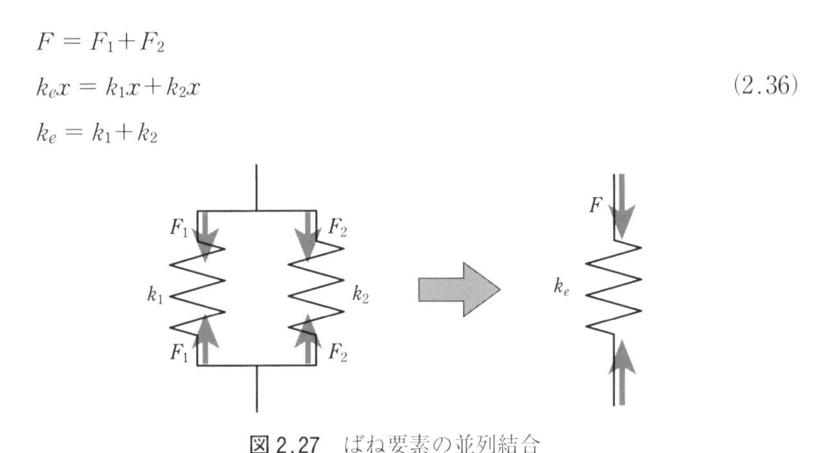

図2.27　ばね要素の並列結合

ここで，k_eは複数のばねを等価な1つのばねに合成したばねのばね定数なので**等価ばね定数**（equivalent spring constant）という．

次に，図2.28のように直列に結合された2つのばね要素を1つのばね要素に合成することを考える．ばねは直列に結合されているため，どのばねの復元力も等しくなり，これをFとおく．一方で，ばねの伸びはばねごとに異なり，ばね定数k_1のばねの伸びをx_1，ばね定数k_2のばねの伸びをx_2，2つのばねの伸びの合計，つまり，合成したばねの伸びをxとすれば，式(2.9)より，等価ばね定数k_eは次のように算出される．

$$x = x_1 + x_2$$

$$\frac{F}{k_e} = \frac{F}{k_1} + \frac{F}{k_2}$$

$$\frac{1}{k_e} = \frac{1}{k_1} + \frac{1}{k_2} \tag{2.37}$$

$$k_e = \frac{1}{\frac{1}{k_1} + \frac{1}{k_2}}$$

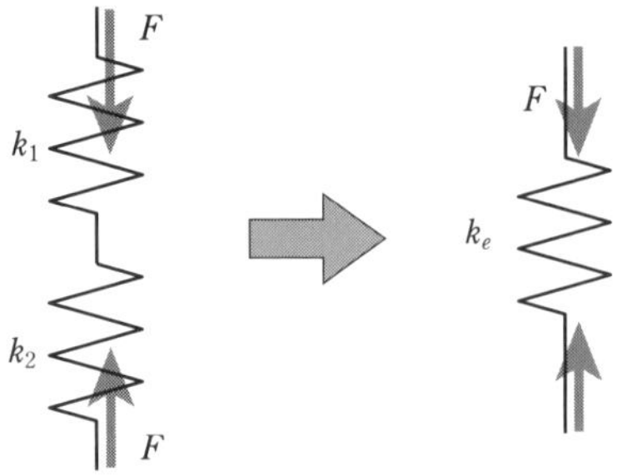

図 2.28 ばね要素の直列結合

減衰要素についても同様の計算で**等価減衰係数**（equivalent damping coefficient）c_e が求められる．

以上より，等価ばね定数 k_e，等価減衰係数 c_e は次のとおりまとめられる．

- n 個のばね要素が並列結合されているとき，

$$k_e = k_1 + k_2 + \cdots + k_n \tag{2.38}$$

- n 個のばね要素が直列結合されているとき，

$$k_e = \frac{1}{\frac{1}{k_1} + \frac{1}{k_2} + \cdots + \frac{1}{k_n}} \tag{2.39}$$

- n 個の減衰要素が並列結合されているとき，

$$c_e = c_1 + c_2 + \cdots + c_n \tag{2.40}$$

- n 個の減衰要素が直列結合されているとき，

$$c_e = \frac{1}{\frac{1}{c_1} + \frac{1}{c_2} + \cdots + \frac{1}{c_n}} \tag{2.41}$$

(4) 運動方程式

物体の振動を学問的に扱う上での出発点となるのは，式(2.14)に示した運動方程式である．式(2.14)を振動系に適用するのに際し，慣性力 $-m\boldsymbol{a}$ は式(2.8)のように $-m\ddot{x}$ と表記する．すると，式(2.14)の運動方程式は次式となる．

$$-m\ddot{x} + F = 0 \tag{2.42}$$

式(2.42)において，F は慣性力以外に振動系に働く力であり，2.2 節(2)項に示した復元力，減衰力，摩擦力のほか，強制外力（往復機械や回転機械などにより振動系に加えられる力）などが入る．どのような力が F に入るかは対象とする振動系により異なるが，特に，振動工学の基礎では，慣性力，減衰力，復元力に注目する．そのため，式(2.42)の F に減衰力，復元力を入れて，

$$-m\ddot{x}-c\dot{x}-kx=0 \tag{2.43}$$

などと記述される．

(5) 線形と非線形

力の釣り合いを考える上での重要な概念として，**線形**（linear）と**非線形**（nonlinear）がある．線形とは入力と出力が比例することを示し，図 2.29(a)のようにフックの法則に従うばねや弾性変形する物体などが代表的な例である．つまり，入力として変形量を，出力として変形させるのに要する力を取れば，変形量に比例して力が定まるということである．

一方，非線形とは入力に対して出力が比例しないことであり，図 2.29(b)のように物体の塑性変形が代表的な例である．非線形である場合，物体の変形量を 2 倍にするのに必要な力は 2 倍にはならない．

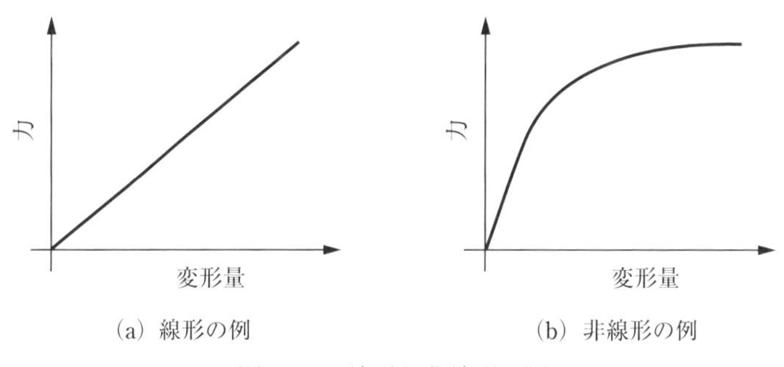

(a) 線形の例　(b) 非線形の例

図 2.29　線形と非線形の例

(6) 振動工学の体系

振動工学を学ぶ上で，振動工学の体系を理解しておくことは重要なことである．多くの振動工学の教科書が，次のような分類で章立てされている．

メモ：弾性変形と塑性変形

図 2.30 のようなクリップを考える．クリップを少し開いて，そのあと力を抜くと，図(a)のようにクリップはもとの形に戻る．このように変形したものがもとの形に戻る変形を弾性変形という．一方で，大きな力でクリップを開くと図(b)のように力を抜いても変形が残る．このような変形を塑性変形という．

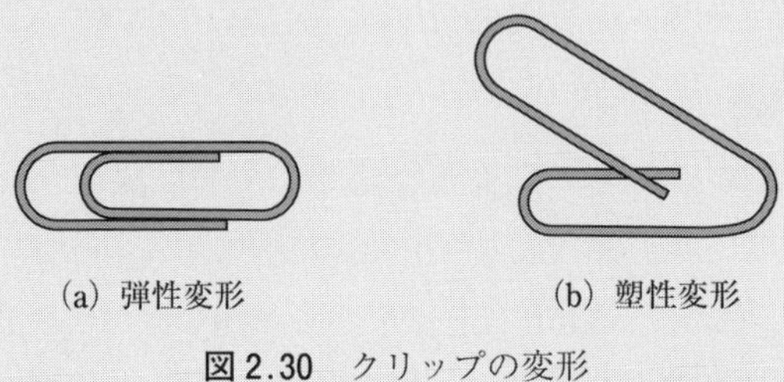

図 2.30　クリップの変形

まず，図 2.31 のように自由度により分類できる．自由度が小さいほど運動方程式も単純になり，理解しやすい．自由度が大きかったり，対象物を質点で分けずに連続体として考えたりする方がより正確な分析が可能だが，一自由度系でも振動の本質を突いており，対象によっては十分実用的である．

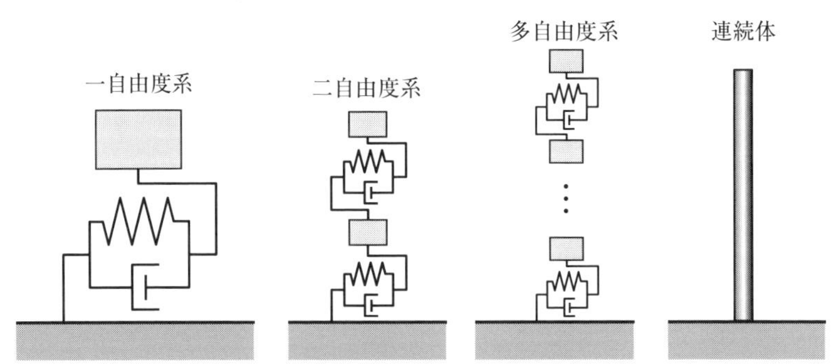

図 2.31　自由度による分類

次に，図 2.32 のように減衰の有無によっても分類することができる．減衰のない振動はいつまでたっても振動が収束しない．一方で，減衰があると時間とと

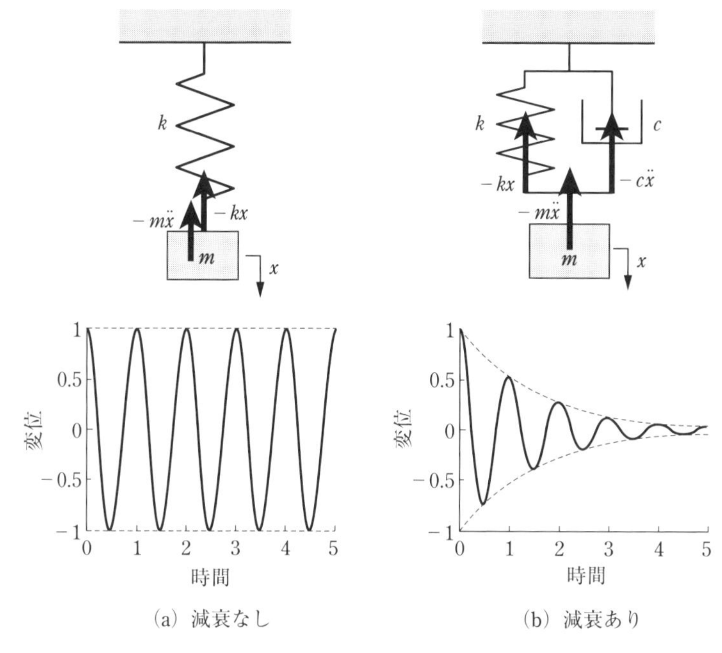

図 2.32 減衰の有無による分類

もに振動は収束する．当然，実際の振動は減衰があり，徐々に振動は収まっていくが，図 2.32 のように減衰のある振動は減衰のない振動に比べて減衰力が追加されているため，取り扱いが複雑になる．なお，金属材料そのものの減衰は極めて小さいことから，対象によっては減衰を考えなくても十分実用的である．

また，図 2.33 のように強制外力の有無によっても分類することができる．強制外力がない場合の振動を**自由振動**（free vibration）と呼び，最初に振動のきっかけが与えられるだけで，その後は外から力が加わらず，文字どおり自由に振動する．他方，強制外力がある場合の振動を**強制振動**（forced vibration）と呼び，変動する力が常に外から加わり，強制的に振動させられる．いずれも実際の振動状態としてはありえるが，学問としては強制振動の方が複雑になる．

補足として，強制外力のことを**入力**（input），それによる質点の変位，速度，加速度を**応答**（response）という．また，応答と似た意味で**振る舞い**（behavior）という言葉が使用されることもある．応答が物理的な意味で使用されるのに対し，振る舞いは振動系の揺れ方を漠然と表す．また，強制振動の応答は，図

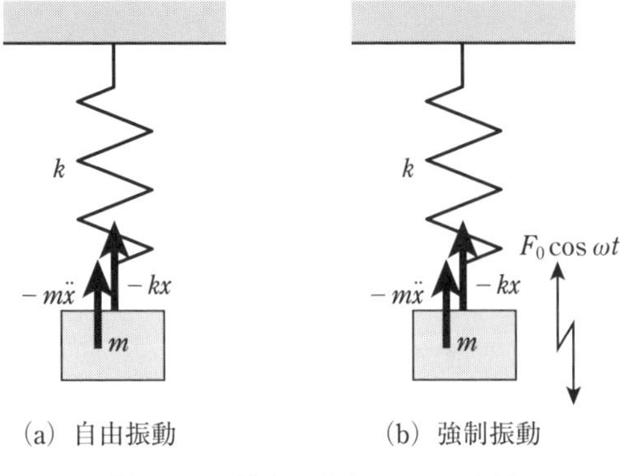

図 2.33　外力の有無による分類

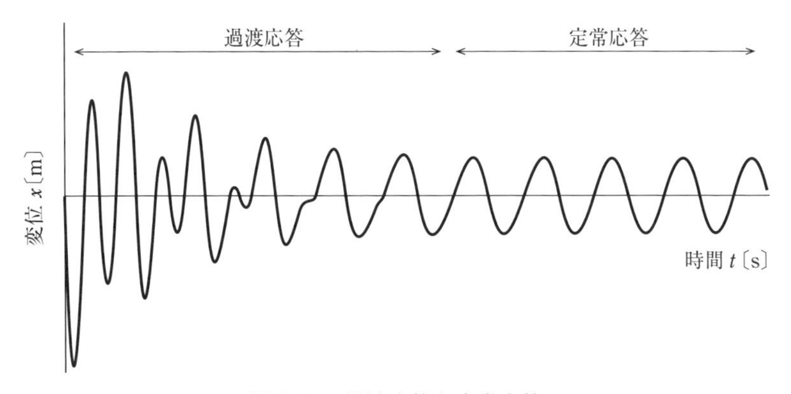

図 2.34　過渡応答と定常応答

2.34 に示すように**過渡応答**（transient response）と**定常応答**（steady-state response）に分けられる．過渡応答とは，振動が始まった直後に現れる応答が一定でない応答である．定常応答とは，しばらく時間が経過して応答が正弦波で表せるような一定の振動になってからの応答である．過渡応答は時間の経過とともに消えるため，振動を分析する際には定常応答に着目することが多い．しかしながら，過渡応答で最大振幅を示すこともあるため，十分な注意が必要である．

2-4 まとめ

振動工学でよく出てくる力は以下のとおり．

$$\text{慣性力}\quad F=-m\ddot{x} \tag{2.8}$$

$$\text{復元力}\quad F=-kx \tag{2.9}$$

$$\text{減衰力}\quad F=-c\dot{x} \tag{2.10}$$

慣性モーメント J は以下のとおり．

$$J=\int r^2 dm \tag{2.26}$$

平行軸の定理は以下のとおり．

$$J=J_G+ml^2 \tag{2.35}$$

等価ばね定数 k_e，等価減衰係数 c_e は以下のとおり．

- n 個のばね要素が並列結合されているとき，

$$k_e=k_1+k_2+\cdots+k_n \tag{2.38}$$

- n 個のばね要素が直列結合されているとき，

$$k_e=\frac{1}{\dfrac{1}{k_1}+\dfrac{1}{k_2}+\cdots+\dfrac{1}{k_n}} \tag{2.39}$$

- n 個の減衰要素が並列結合されているとき，

$$c_e=c_1+c_2+\cdots+c_n \tag{2.40}$$

- n 個の減衰要素が直列結合されているとき，

$$c_e=\frac{1}{\dfrac{1}{c_1}+\dfrac{1}{c_2}+\cdots+\dfrac{1}{c_n}} \tag{2.41}$$

第3章 減衰のない一自由度系の自由振動

本章の目的

- 減衰のない一自由度系の自由振動について，運動方程式を理解する．
- 減衰のない一自由度系の自由振動について，運動方程式を立式できる．
- 固有振動数の意味を理解する．
- 固有振動数を計算により求められる．

3-1 減衰のない自由振動とは

自由振動とは，最初に動くきっかけが与えられ，その後は外から力は加わらず，自然に動く振動のことをいう．減衰のない自由振動とは，図3.1のように「質量 m の質点」と「ばね定数 k のばね」のみから構成される振動系の自由振動である．減衰がないことを**非減衰**とも呼ぶ．

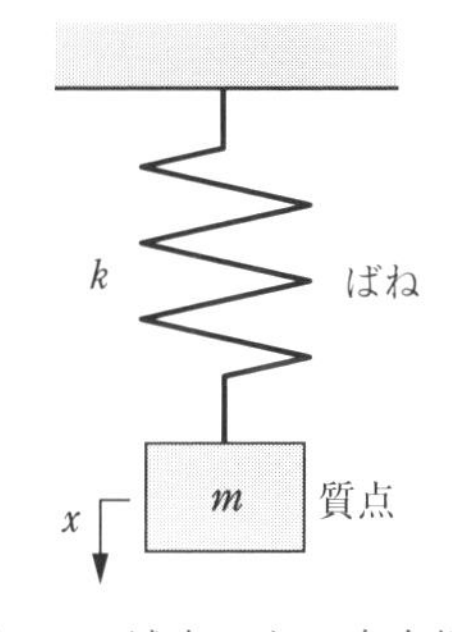

図3.1　減衰のない自由振動

地球上に減衰のない（つまり，一度発生した振動が永久に続く）ものは存在しないが，たとえば，金属でできた単純な構造，ばねだけで支持された構造，振り子などの減衰は極めて小さい場合が多く，減衰を無視して考えることができる．

減衰や外からの力を考えない振動，つまり減衰のない自由振動は運動方程式が単純になり，計算も容易になる．減衰のない自由振動を学ぶことで振動の基本的な性質を理解することができる．そのため，振動工学を学ぶ上で極めて重要になる．

3-2 運動方程式

減衰のない自由振動では，図3.2のとおり振動系に慣性力 $-m\ddot{x}$ と復元力 $-kx$ が働く．重力を考えなくてよい理由は3.4節(3)項で詳しく解説する．運動方程式は力の釣り合いを表すから，「慣性力と復元力が釣り合っている」，または，「慣性力と復元力のほかに働く力はない（ゼロ）」，ということを数式で表せば，

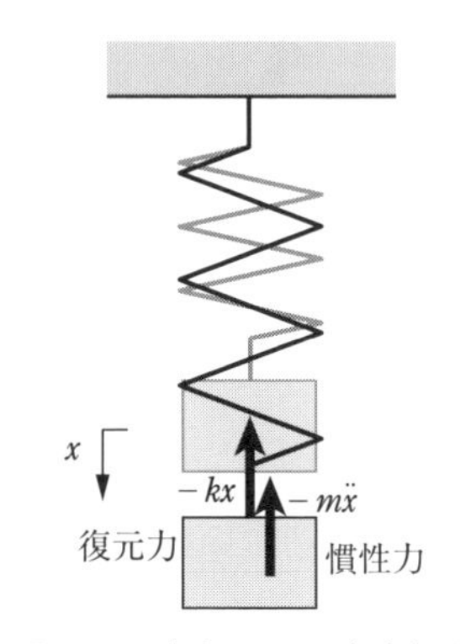

図3.2 減衰のない自由振動に働く力

$$慣性力+復元力=0$$

$$-m\ddot{x}-kx=0 \tag{3.1}$$

あるいは，両辺に -1 を掛けて，

$$m\ddot{x}+kx=0 \tag{3.2}$$

を得る．式(3.1)あるいは式(3.2)を**減衰のない一自由度系の自由振動の運動方程式**という．さらに，式(3.2)を変形していく．両辺を m で割って，

$$\ddot{x}+\frac{k}{m}x=0 \tag{3.3}$$

となる．ここで，

$$\frac{k}{m}=\omega_n^2 \qquad つまり，\omega_n=\sqrt{\frac{k}{m}}〔\mathrm{rad/s}〕 \tag{3.4}$$

となる ω_n を導入する．式(3.4)で定義された ω_n を**固有円振動数**（natural circular frequency）と呼ぶ．固有円振動数 ω_n は，1秒間に質点がどれくらい振動するかを表す極めて重要なパラメーターである．詳しくは3.4節(1)項で説明する．

式(3.4)の固有円振動数 ω_n を使えば，式(3.3)は，

$$\ddot{x}+\omega_n^2x=0 \tag{3.5}$$

となる．式(3.5)もまた，減衰のない一自由度系の自由振動の運動方程式である．式(3.1)は質量 m とばね定数 k を含む式であるのに対し，式(3.5)は固有円振動数 ω_n のみの式である．したがって，質量 m やばね定数 k が異なる振動系であっても，その比の平方根から求まる固有円振動数 ω_n が等しければ，振動の振る舞いは同じになる．

3-3 運動方程式の解

次に，数学の知識を使って，減衰のない自由振動の運動方程式の解を求める．つまり，減衰のない自由振動がどのような振動になるかを考察する．ここでは，式(3.5)を以下のとおり変形して解を求める．

$$\ddot{x} = -\omega_n^2 x \qquad (3.6)$$

質点 m は振動するので，その変位 x は時々刻々変わる．つまり，時間 t の関数 $x = f(t)$ となる．式(3.6)からわかるように，運動方程式は微分方程式であり，運動方程式の解を求めるとは，式(3.6)を満たす x を求めることである．つまり，ある関数 $x = f(t)$ を二階微分した $\ddot{x} = f''(t)$ が式(3.6)に示すような形になるような関数 $x = f(t)$ を求めることである．さらに具体的にいえば，二階微分しても，もとの関数を含む関数 $x = f(t)$ を求めることである．

本書では解を直接求めることはせずに，式(3.7)のとおり解を三角関数で仮定し，仮定した解が式(3.6)のような形になるか確認することで，運動方程式の解としてふさわしいかを判断する．$\sin t$ と $\cos t$ を二階微分すると $-\sin t$ と $-\cos t$ になり，もとの関数（$\sin t$ や $\cos t$）が含まれるため，解として想定できる．

$$x = C_1 \cos \omega_n t + C_2 \sin \omega_n t \qquad (3.7)$$

ここで，C_1，C_2 は定数である．式(3.7)を t で微分する．

$$\dot{x} = -C_1 \omega_n \sin \omega_n t + C_2 \omega_n \cos \omega_n t \qquad (3.8)$$

復習：合成関数の微分

ここでは，$x=\cos\omega_n t$ を微分する方法を復習する．まず，$u=\omega_n t$ を導入して，$x=\cos u$ とする．次に，以下のように，x の式を u で，u の式を t で微分する．なお，最後に u をもとに戻すこと．

$$\frac{dx}{dt}=\frac{dx}{du}\cdot\frac{du}{dt}=\frac{d}{du}(\cos u)\cdot\frac{d}{dt}(\omega_n t)=-\sin u\cdot\omega_n=-\omega_n\sin\omega_n t$$

さらに，式(3.8)を t で微分する．

$$\begin{aligned}\ddot{x}&=\frac{d\dot{x}}{dt}\\&=-C_1\omega_n^2\cos\omega_n t-C_2\omega_n^2\sin\omega_n t\\&=-\omega_n^2(C_1\cos\omega_n t+C_2\sin\omega_n t)\end{aligned}\tag{3.9}$$

式(3.7)を用いれば，式(3.9)は，

$$\ddot{x}=-\omega_n^2 x\tag{3.10}$$

となり，式(3.6)に一致する．したがって，式(3.7)で仮定した解は減衰のない自由振動の運動方程式の解である．

式(3.7)が解であることがわかったところで，式(3.7)中の定数 C_1，C_2 を求める．初期条件（時間 $t=0$ における初期変位 $x(0)=x_0$，初速度 $\dot{x}(0)=v_0$ のこと．つまり，どのような条件で振動が開始されたかということ）が与えられれば，定数 C_1，C_2 は決まる．式(3.7)，(3.8)より，時間 $t=0$ における初期変位 $x(0)$ と初速度 $\dot{x}(0)$ は，

$$x(0)=C_1\cos\omega_n 0+C_2\sin\omega_n 0=C_1\cdot 1+C_2\cdot 0=C_1\tag{3.11}$$

$$\begin{aligned}\dot{x}(0)&=-C_1\omega_n\sin\omega_n 0+C_2\omega_n\cos\omega_n 0\\&=-C_1\omega_n\cdot 0+C_2\omega_n\cdot 1=C_2\omega_n\end{aligned}\tag{3.12}$$

となるから，x_0，v_0 を用いれば，定数 C_1，C_2 は以下のとおり決まる．

$$C_1 = x_0,\ C_2 = \frac{v_0}{\omega_n} \tag{3.13}$$

したがって，減衰のない自由振動の解は，式(3.13)を式(3.7)に代入することで，次式のようになる．

$$x = x_0 \cos \omega_n t + \frac{v_0}{\omega_n} \sin \omega_n t \tag{3.14}$$

式(3.14)は sin，cos が混ざった式で，実際の動きをイメージしにくい．そこで，以下のように式変形をする．

まず，図3.3のような直角をはさむ二辺の長さが x_0，$\dfrac{v_0}{\omega_n}$ の直角三角形を考える．ここで，残りの辺の長さは，三平方の定理より，$\sqrt{x_0^2 + \left(\dfrac{v_0}{\omega_n}\right)^2}$ である．

この直角三角形に注目して，式(3.14)を変形すれば，

$$\begin{aligned}
x &= x_0 \cos \omega_n t + \frac{v_0}{\omega_n} \sin \omega_n t \\
&= \sqrt{x_0^2 + \left(\frac{v_0}{\omega_n}\right)^2} \left(\frac{x_0}{\sqrt{x_0^2 + \left(\frac{v_0}{\omega_n}\right)^2}} \cos \omega_n t + \frac{\frac{v_0}{\omega_n}}{\sqrt{x_0^2 + \left(\frac{v_0}{\omega_n}\right)^2}} \sin \omega_n t \right) \\
&= \sqrt{x_0^2 + \left(\frac{v_0}{\omega_n}\right)^2} (\cos \phi \cos \omega_n t + \sin \phi \sin \omega_n t) \\
&= \sqrt{x_0^2 + \left(\frac{v_0}{\omega_n}\right)^2} \cos(\omega_n t - \phi)
\end{aligned} \tag{3.15}$$

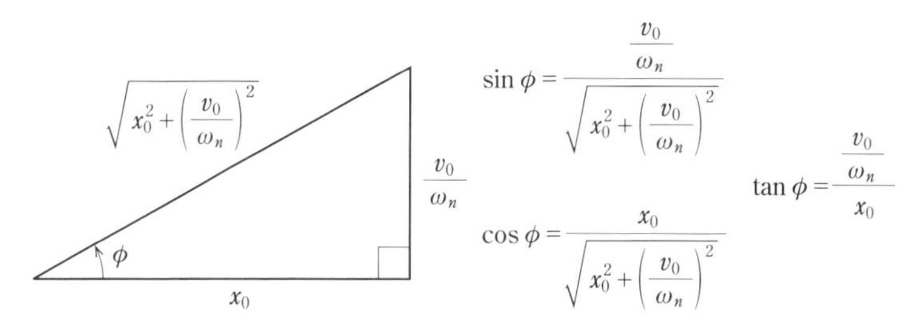

図 3.3　三角関数の合成

ただし，$\phi = \tan^{-1}\dfrac{v_0}{x_0\omega_n}$ である．

となる．したがって式(3.15)より，減衰のない自由振動の解は図3.4のようになり，2.2節(4)項で示した単振動の波形になる．

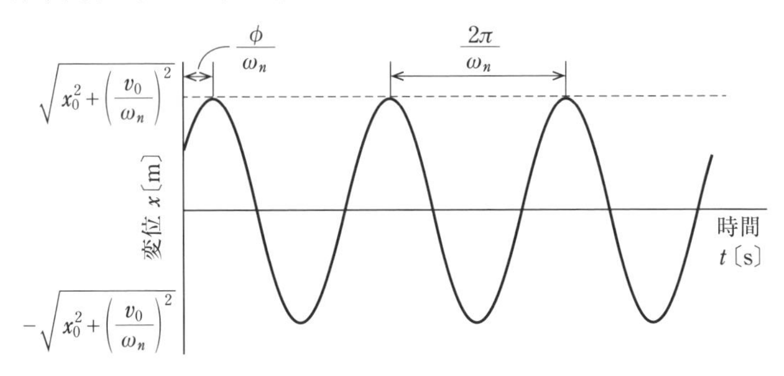

図3.4 減衰のない自由振動

復習：加法定理

$$\cos\alpha\cos\beta+\sin\alpha\sin\beta = \cos(\alpha-\beta)$$

復習：三角関数の合成

式(3.15)のような式変形は三角関数の合成として知られ，次式で表される．

$$x = C_1\cos\theta+C_2\sin\theta = \sqrt{{C_1}^2+{C_2}^2}\cos(\theta-\phi) \quad ただし，\phi = \tan^{-1}\frac{C_2}{C_1}$$

3-4 減衰のない自由振動のポイント

(1) 固有円振動数，固有振動数，固有周期

さて，減衰のない自由振動の一般解である式(3.7)，(3.15)あるいは減衰のな

い自由振動の様子を表した図 3.4 に注目すると，ω_n が 1 秒間にどれくらい振動するかを決める重要なパラメーターであることがわかる．この ω_n こそ，式(3.4)で導入した**固有円振動数** ω_n *1であり，振動系が 1 秒間にどれくらい振動するかはばね定数 k と質量 m により決まる．重要なので，式(3.4)を再掲する．

$$\omega_n = \sqrt{\frac{k}{m}} \text{〔rad/s〕} \tag{3.16}$$

ここで，固有円振動数の単位は〔rad/s〕であり，1 秒間に余弦波で何〔rad〕相当の振動をするかを表している．しかしながら，実際の振動を評価したり計測したりする場合は，1 秒間に何回振動するか，あるいは，1 回振動するのに何秒かかるかといったほうが，その振動をイメージしやすい．ここで，1 秒間に振動する回数を**固有振動数**（natural frequency）f_n〔Hz〕，1 回振動するのにかかる時間を**固有周期**（natural period）T_n〔s〕といい，それらは固有円振動数 ω_n から以下のとおり算出できる．

$$f_n = \frac{\omega_n}{2\pi} = \frac{1}{2\pi}\sqrt{\frac{k}{m}} \text{〔Hz〕} \tag{3.17}$$

$$T_n = \frac{2\pi}{\omega_n} = 2\pi\sqrt{\frac{m}{k}} \text{〔s〕} \tag{3.18}$$

1 回の振動は，余弦波の $360° = 2\pi$〔rad〕分である．ゆえに，固有円振動数 ω_n と固有振動数 f_n は，式(3.17)のように 2π を乗除することで変換できる．また，固有振動数 f_n と固有周期 T_n の間には，以下の関係があることから，式(3.17)から式(3.18)が求められる．

$$T_n = \frac{1}{f_n} \quad \text{あるいは，} \quad f_n = \frac{1}{T_n} \tag{3.19}$$

＊1　減衰がある場合の固有円振動数と区別する場合に，「減衰のない場合の固有円振動数」，「非減衰固有円振動数」などと呼ぶこともある．

例題 3.1

質点の質量 $m = 5.00$〔kg〕，ばね定数 $k = 10\,000$〔N/m〕の一自由度系について，固有円振動数 ω_n〔rad/s〕，固有振動数 f_n〔Hz〕，固有周期 T_n〔s〕を求めよ．

解答　式(3.4)あるいは(3.16)より，固有円振動数 ω_n は，

$$\omega_n = \sqrt{\frac{k}{m}} = \sqrt{\frac{10\,000}{5.00}} = 44.7\text{〔rad/s〕}$$

式(3.17)より，固有振動数 f_n は，

$$f_n = \frac{1}{2\pi}\sqrt{\frac{k}{m}} = \frac{1}{2\pi}\sqrt{\frac{10\,000}{5.00}} = 7.12\text{〔Hz〕}$$

式(3.18)より，固有周期 T_n は，

$$T_n = 2\pi\sqrt{\frac{m}{k}} = 2\pi\sqrt{\frac{5.00}{10\,000}} = 0.140\text{〔s〕}$$

となる．

なお，ばね定数 $k = 10\,000$〔N/m〕のばねとは，10.0 N の力，つまり 1.02 kg のおもりをぶら下げると 1 mm 変形するようなばねである．また，質量 $m = 5.00$〔kg〕のおもりをこのばねにぶら下げて振動させると，1 秒間に約 7 回程度振動し，1 回の振動に約 0.14 秒かかる．

(2)　減衰のない自由振動の速度，加速度

減衰のない自由振動の速度，加速度は式(3.8)，(3.9)に示したとおりであるが，式(3.15)から，以下のようにも求められる．

$$\begin{aligned}\dot{x} &= -\omega_n\sqrt{x_0^2+\left(\frac{v_0}{\omega_n}\right)^2}\sin(\omega_n t-\phi)\\ &= \omega_n\sqrt{x_0^2+\left(\frac{v_0}{\omega_n}\right)^2}\cos\left(\omega_n t-\phi+\frac{\pi}{2}\right)\end{aligned} \tag{3.20}$$

$$\begin{aligned}\ddot{x} &= -\omega_n^2\sqrt{x_0^2+\left(\frac{v_0}{\omega_n}\right)^2}\cos(\omega_n t-\phi)\\ &= \omega_n^2\sqrt{x_0^2+\left(\frac{v_0}{\omega_n}\right)^2}\cos(\omega_n t-\phi+\pi)\end{aligned} \tag{3.21}$$

復習：三角関数の性質

$$-\sin\theta = \cos\left(\theta + \frac{\pi}{2}\right),\ \ -\cos\theta = \cos(\theta + \pi)$$

つまり，図 3.5 に示すとおり，速度は変位に比べ $\pi/2$〔rad〕$= 90°$ 位相進み，加速度は π〔rad〕$= 180°$ 位相進みであるといえる．さらにわかりやすくいうと，速度は，変位がゼロのとき（質点が原点を通過するとき）に最大・最小となり，変位が最大・最小のときにゼロになる．また，加速度は変位と逆位相（加速度が正のときに変位は負）となる．

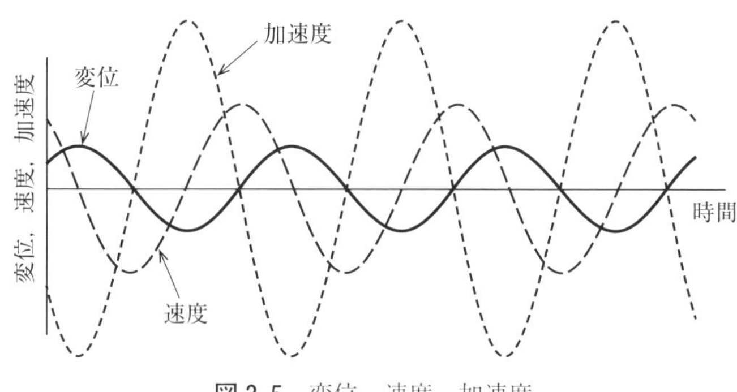

図 3.5　変位，速度，加速度

例題 3.2

質点の質量 $m = 5.00$〔kg〕，ばね定数 $k = 10\,000$〔N/m〕の一自由度系を，釣り合いの位置（初期変位 $x(0) = x_0 = 0$）から初速度 $\dot{x}(0) = v_0 = 1.00$〔m/s〕で振動させたときの，変位 x，速度 $\dot{x}$，加速度 $\ddot{x}$ を求めよ．

解答　質量 m とばね定数 k は例題 3.1 と同じであるから，$\omega_n = 44.7$〔rad/s〕．

また，式(3.15)より，$\phi = \tan^{-1}\dfrac{v_0}{x_0\omega_n} = \tan^{-1}\dfrac{1.00}{0\times 44.7} = \tan\infty = \dfrac{\pi}{2}$〔rad〕

である．これらを式(3.15)に代入すると変位 x は，

$$x = \sqrt{x_0^2 + \left(\frac{v_0}{\omega_n}\right)^2} \cos(\omega_n t - \phi) = \sqrt{0^2 + \left(\frac{1.00}{44.7}\right)^2} \cos\left(44.7t - \frac{\pi}{2}\right)$$

$$= \frac{1}{44.7} \cos\left(44.7t - \frac{\pi}{2}\right) \text{〔m〕}$$

式(3.20)より，速度 $\dot{x}$ は，

$$\dot{x} = -\omega_n \sqrt{x_0^2 + \left(\frac{v_0}{\omega_n}\right)^2} \sin(\omega_n t - \phi)$$

$$= -44.7 \sqrt{0^2 + \left(\frac{1.00}{44.7}\right)^2} \sin\left(44.7t - \frac{\pi}{2}\right)$$

$$= -\sin\left(44.7t - \frac{\pi}{2}\right) \text{〔m/s〕}$$

式(3.21)より，加速度 $\ddot{x}$ は，

$$\ddot{x} = -\omega_n^2 \sqrt{x_0^2 + \left(\frac{v_0}{\omega_n}\right)^2} \cos(\omega_n t - \phi)$$

$$= -44.7^2 \sqrt{0^2 + \left(\frac{1.00}{44.7}\right)^2} \cos\left(44.7t - \frac{\pi}{2}\right)$$

$$= -44.7 \cos\left(44.7t - \frac{\pi}{2}\right) \text{〔m/s}^2\text{〕}$$

となる．

(3)　重力の考え方

ここでは，図 3.2 において重力を考えなかった理由を説明する．それは，質量 m をばねに吊るした状態を座標の原点としたことによる．

図 3.6 に示すように，ばね定数 k のばねに質量 m を吊るす前に座標 y を定める場合を考える．質量 m を吊るし，ばねが y_0 だけ伸びたとき，質量 m による重力 mg とばねの復元力 ky_0 は釣り合うから，その関係は次式のようになる．

$$\begin{aligned} mg &= ky_0 \\ mg - ky_0 &= 0 \end{aligned} \tag{3.22}$$

また，図 3.7 のように振動している状態を考えると，運動方程式は次式のようになる．

$$-m\ddot{y} - ky + mg = 0 \tag{3.23}$$

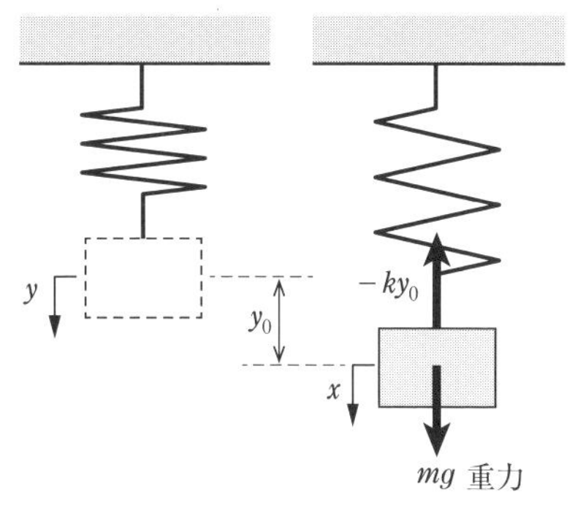

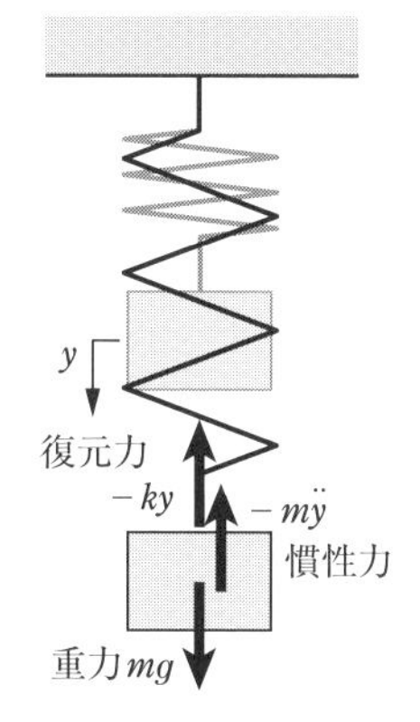

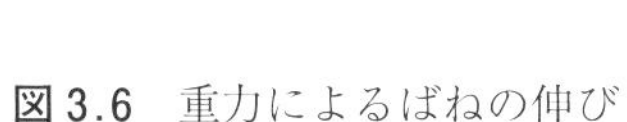
図3.6　重力によるばねの伸び

図3.7　質量を吊るす前に原点をとった場合

次に，質量 m を吊るす前に定めた座標 y と，吊るした状態で定めた座標 x の関係を考えてみよう．図3.6に示すように，両者の関係は，

$$y = x + y_0 \tag{3.24}$$

となる．ここで，式(3.24)を二階微分すれば，y_0 は定数だから，

$$\ddot{y} = \ddot{x} \tag{3.25}$$

となる．式(3.24)，(3.25)を式(3.23)に代入し，y から x へ座標の変換を行ってみると，

$$\begin{aligned} -m\ddot{x} - k(x + y_0) + mg &= 0 \\ -m\ddot{x} - kx - ky_0 + mg &= 0 \end{aligned} \tag{3.26}$$

となる．ここで，式(3.22)の関係を用いれば，式(3.26)は，

$$-m\ddot{x} - kx = 0 \tag{3.27}$$

となり，式(3.1)に示した運動方程式と等しくなった．

したがって，質量 m をばねに吊るす前に座標を定めた場合には重力を考える必要があるが，吊るした状態で座標を定めた場合は重力を考える必要はない．通常は，質量 m をばねに吊るした状態で座標を決め，重力は考えない．

ここで，重力によるばねの伸び y_0 から固有円振動数 ω_n を求める便利な方法を説明する.

式(3.22)より，

$$mg = ky_0$$
$$\frac{k}{m} = \frac{g}{y_0} \tag{3.28}$$

であり，両辺の平方根をとれば，次式を得る.

$$\sqrt{\frac{k}{m}} = \sqrt{\frac{g}{y_0}}$$
$$\omega_n = \sqrt{\frac{g}{y_0}} \tag{3.29}$$

3-5 さまざまな一自由度系の振動

(1) 上下振動と水平振動

これまで，物体が上下に振動する場合を取り上げてきたが，図3.8に示すような水平方向に振動する場合を考える.

図3.8に示すとおり，水平方向に座標 x をとったときも，上下方向と同様に水平方向に慣性力と復元力が働くため，運動方程式は式(3.1)と同様に次式のようになる.

$$-m\ddot{x} - kx = 0 \tag{3.30}$$

なお，水平方向に振動するモデルを，図3.9のように表すことがある．図3.9の質量部 m の下にある円はコロを表し，摩擦が無視できることを意味する.

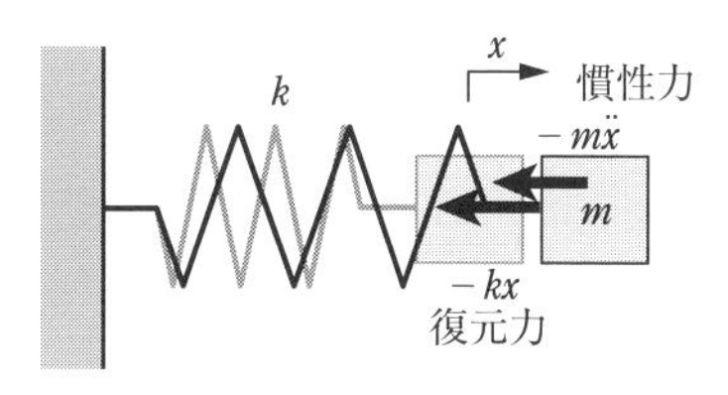

図 3.8　水平振動モデル 1

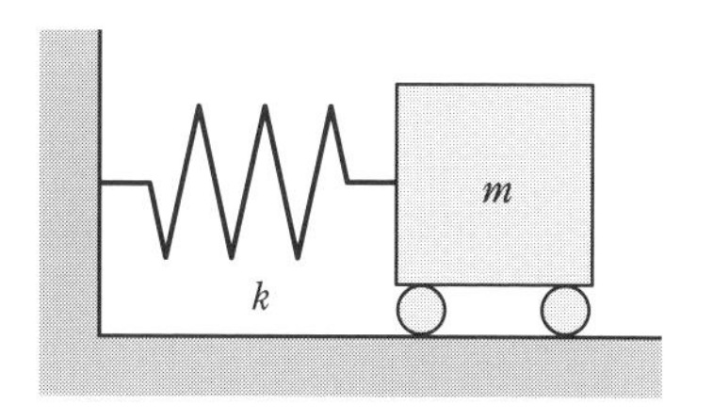

図 3.9　水平振動モデル 2

(2)　回転振動

これまでは，物体が直線上を往復する振動を扱ってきたが，図 3.10 や図 3.11 のように回転しながら（ねじれながら）振動する場合を考える．このような振動を**回転振動**（rotational vibration）と呼ぶ．回転振動の場合は，力ではなくモーメントの釣り合いに注目する．直線振動と回転振動の関係を表 3.1 に示す．回転振動する物体には，直線運動の慣性力 $-m\ddot{x}$ に相当するような，角加速度と逆向きのモーメント $-J\ddot{\theta}$ が働く．たとえば，静止している重いボールを転がしたり，あるいは，転がっている重いボールを止めたりするときに，このようなモーメントを感じることができる．また，棒などを θ だけねじればもとの位置に戻ろうとする，直線運動の復元力 $-kx$ に相当するような復元モーメント $-k_\theta\theta$ が発生する．これらのモーメントに注目すれば，運動方程式は次式のようになる．

$$
\begin{aligned}
-J\ddot{\theta}-k_\theta\theta &= 0 \\
J\ddot{\theta}+k_\theta\theta &= 0
\end{aligned}
\tag{3.31}
$$

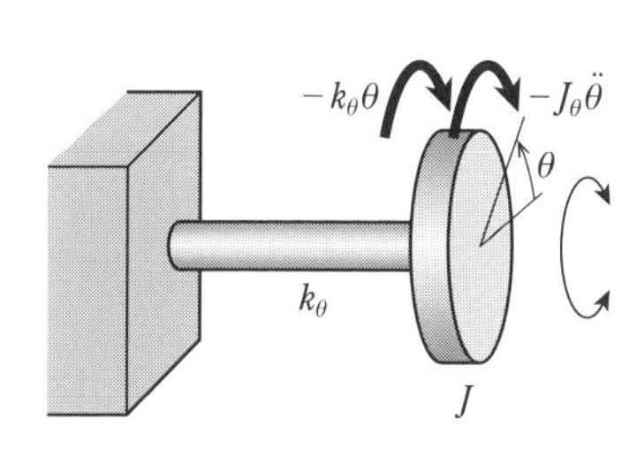

図 3.10　回転振動（軸のねじれ）

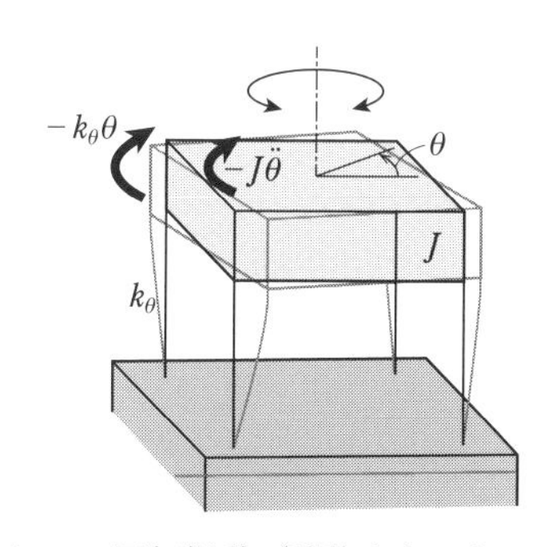

図 3.11　回転振動（建物などのねじれ）

式(3.31)はパラメーターが違うだけで式(3.1)，(3.2)と同じ形をしており，それぞれの式のパラメーターの関係は表 3.1 のとおりである．表 3.1 の関係を用いれば，回転振動の場合の固有円振動数 ω_n，固有振動数 f_n，固有周期 T_n は，次のとおり表される．

表 3.1 直線振動と回転振動（軸のねじれ）

直線振動		回転振動		備　考
変位	x〔m〕	角度	θ〔rad〕	位置や状態を表す
質量	m〔kg〕	慣性モーメント	J〔kg m^2〕	同じ運動状態の継続しやすさを表す（止まっているものは止まっている状態を続け，運動しているものは運動を続ける）
ばね定数	k〔N/m〕	ねじりばね定数	k_θ〔N m/rad〕	単位長さ・角度だけ変形させるのに必要な力・モーメント
力	F〔N〕	モーメント（トルク）	T〔N m〕	運動状態を変化させる直接的な作用

$$\omega_n = \sqrt{\frac{k_\theta}{J}} \text{〔rad/s〕} \tag{3.32}$$

$$f_n = \frac{\omega_n}{2\pi} = \frac{1}{2\pi}\sqrt{\frac{k_\theta}{J}} \text{〔Hz〕} \tag{3.33}$$

$$T_n = \frac{2\pi}{\omega_n} = 2\pi\sqrt{\frac{k_\theta}{k}} \text{〔s〕} \tag{3.34}$$

(3)　振り子の振動

振り子の振動も一自由度系の振動である．図 3.12 に示した振り子において，考えるべき力は回転方向の慣性力と重力である．振り子の回転方向（つまり振り子の描く円周上）の加速度は $l\ddot{\theta}$ であるから，慣性力は $-ml\ddot{\theta}$ となる．また，重力 mg は，振り子の回転方向成分の力 $mg\sin\theta$ と，回転と直角（振り子のひもの延長上）成分の力 $mg\cos\theta$ に分けられる．ここで，振り子の回転方向成分の力は回転方向 θ と逆向きに働くので，$-mg\sin\theta$ とする．

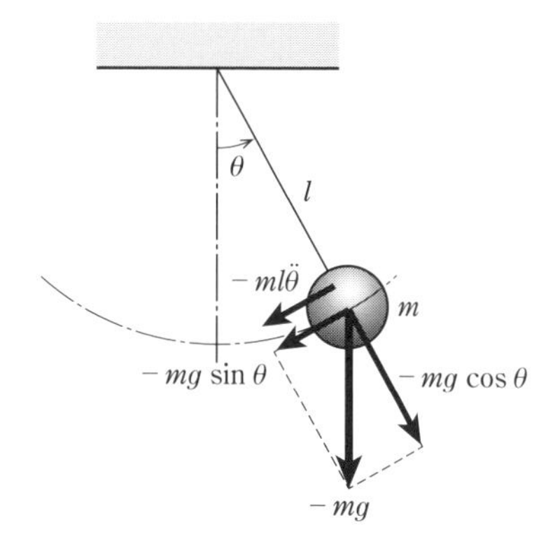

図 3.12　振り子の振動

振り子の振動は回転振動であり，(2)項と同様にモーメントで考える．つまり，回転方向の慣性力と重力の回転方向成分に腕の長さを乗じ，モーメントの釣り合いとして運動方程式を立式すると，次式のようになる．

$$
\begin{aligned}
&-ml\ddot{\theta}\cdot l-mg\sin\theta\cdot l=0\\
&-ml^2\ddot{\theta}-mgl\sin\theta=0\\
&ml^2\ddot{\theta}+mgl\sin\theta=0
\end{aligned}
\tag{3.35}
$$

ここで，角度 θ が十分小さければ $\sin\theta \fallingdotseq \theta$ となるから，式(3.35)は以下のように書き換えられる．

$$
\begin{aligned}
&ml^2\ddot{\theta}+mgl\theta=0\\
&l\ddot{\theta}+g\theta=0\\
&\ddot{\theta}+\frac{g}{l}\theta=0
\end{aligned}
\tag{3.36}
$$

式(3.36)は式(3.3)と同様の形をしており，θ の係数部分が固有円振動数 ω_n の 2 乗になる．したがって，振り子の固有円振動数 ω_n，固有振動数 f_n，固有周期 T_n は，以下のとおり表される．

$$
\omega_n=\sqrt{\frac{g}{l}}\ \text{〔rad/s〕} \tag{3.37}
$$

$$f_n = \frac{\omega_n}{2\pi} = \frac{1}{2\pi}\sqrt{\frac{g}{l}}\ 〔\mathrm{Hz}〕 \tag{3.38}$$

$$T_n = \frac{2\pi}{\omega_n} = 2\pi\sqrt{\frac{l}{g}}\ 〔\mathrm{s}〕 \tag{3.39}$$

復習：角度 θ が十分小さいときの正弦

弧度法（ラジアン）では，角度を扇形の半径と円弧の長さの比で表す．つまり，図 3.13 のように，半径が 1 の扇型であれば，円弧の長さが角度 θ となる．一方，斜辺が 1 の正弦（$\sin\theta$）は，図 3.13 のとおりである．

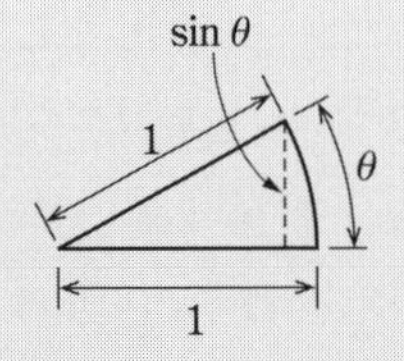

図 3.13　$\sin\theta$ の近似

このとき，角度 θ が十分に小さければ図 3.13 の $\sin\theta$ と θ の長さの差はなくなり，$\sin\theta \fallingdotseq \theta$ と近似できる．

あるいは，マクローリン展開からもこの性質は導き出せる．$\sin\theta$ のマクローリン展開は，

$$\sin\theta = \theta - \frac{\theta^3}{3!} + \frac{\theta^5}{5!} - \frac{\theta^7}{7!} + \cdots$$

であり，角度 θ が十分に小さければ右辺第 2 項以降はゼロに近似できることから，$\sin\theta \fallingdotseq \theta$ となる．

実際に電卓で確認してみると，たとえば $10° = 0.175$〔rad〕では，$\sin 0.175 = 0.174$ となり，ほとんど等しいことがわかる．

例題 3.3

ひもの長さが 1.00 m の振り子の固有円振動数 ω_n〔rad/s〕，固有振動数 f_n〔Hz〕，固有周期 T_n〔s〕を求めよ．ただし，重力加速度 g は 9.81 m/s^2 とする．

解答　式(3.37)～(3.39)より，固有円振動数 ω_n，固有振動数 f_n，固有周期 T_n は，次のようになる．

$$\omega_n = \sqrt{\frac{g}{l}} = \sqrt{\frac{9.81}{1.00}} = 3.13\,〔\mathrm{rad/s}〕$$

$$f_n = \frac{\omega_n}{2\pi} = \frac{1}{2\pi}\sqrt{\frac{9.81}{1.00}} = 0.498\,〔\mathrm{Hz}〕$$

$$T_n = \frac{2\pi}{\omega_n} = 2\pi\sqrt{\frac{l}{g}} = 2\pi\sqrt{\frac{1.00}{9.81}} = 2.01\,〔\mathrm{s}〕$$

(4)　剛体振り子の振動

図 3.14 に示すような，任意の形状をもつ剛体を点 O で吊るして，点 O まわりに振り子運動をできるようにしたものを剛体振り子（物理振り子）と呼ぶ．(3)項に示した振り子の振動と同様に，剛体振り子の振動も一自由度系の振動で表すことができる．

図 3.14 に示した剛体振り子には，慣性モーメント $-J\ddot{\theta}$ と重力の回転方向成分に $-mg\sin\theta$ によるモーメント $-mgl\sin\theta$ が働く．ここで，角度 θ が十分小さければ $\sin\theta \fallingdotseq \theta$ となるから，$-mgl\sin\theta \fallingdotseq -mgl\theta$ となる．

これらのモーメントに注目すれば，運動方程式は次式のようになる．

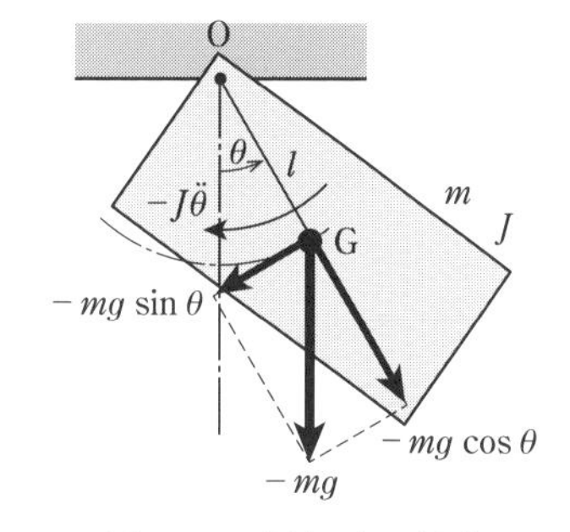

図 3.14　振り子の振動

$$\begin{aligned} -J\ddot{\theta} - mgl\theta &= 0 \\ J\ddot{\theta} + mgl\theta &= 0 \end{aligned} \tag{3.40}$$

式(3.40)は式(3.31)の k_θ を mgl に置き換えたものにほかならない．あるいは，(3)項の振り子の振動と同様に，式(3.40)の両辺を J で割った際の θ の係数部分が固有円振動数 ω_n の 2 乗になると考えてもよい．これより，剛体振り子の固有円振動数 ω_n，固有振動数 f_n，固有周期 T_n は，以下のように表される．

$$\omega_n = \sqrt{\frac{mgl}{J}}\,〔\mathrm{rad/s}〕 \tag{3.41}$$

$$f_n = \frac{\omega_n}{2\pi} = \frac{1}{2\pi}\sqrt{\frac{mgl}{J}}\,〔\mathrm{Hz}〕 \tag{3.42}$$

$$T_n = \frac{2\pi}{\omega_n} = 2\pi\sqrt{\frac{J}{mgl}}\ \text{〔s〕} \tag{3.43}$$

なお，本節において J は慣性モーメントを表すが，剛体振り子においては支点Oが回転中心となるため，重心を回転中心とした際の慣性モーメントと値が異なる．重心Gを回転中心とした際の慣性モーメントを J_G，質量を m，重心Gから支点Oまでの距離を l とした場合，支点Oを回転中心とした際の慣性モーメント J は，2.2節(7)項dの平行軸の定理のとおり次式で表される．

$$J = J_G + ml^2 \tag{3.44}$$

3-6 まとめ

減衰のない一自由度系の運動方程式は以下のようになる．

$$-m\ddot{x} - kx = 0 \tag{3.1}$$

$$m\ddot{x} + kx = 0 \tag{3.2}$$

$$\ddot{x} + \omega_n^2 x = 0 \tag{3.5}$$

減衰のない一自由度系の固有円振動数 ω_n，固有振動数 f_n，固有振動数 T_n は以下のようになる．

・固有円振動数 ω_n：1秒間に振動する回数（余弦波で何〔rad〕に相当するか）

$$\omega_n = \sqrt{\frac{k}{m}}\ \text{〔rad/s〕} \tag{3.16}$$

・固有振動数 f_n：1秒間に振動する回数

$$f_n = \frac{\omega_n}{2\pi} = \frac{1}{2\pi}\sqrt{\frac{k}{m}}\ \text{〔Hz〕} \tag{3.17}$$

・固有振動数 T_n：1振動あたりの時間

$$T_n = \frac{2\pi}{\omega_n} = 2\pi\sqrt{\frac{m}{k}}\ \text{〔s〕} \tag{3.18}$$

第4章 減衰のある一自由度系の自由振動

本章の目的

- 減衰のある一自由度系の自由振動について，運動方程式を理解する．
- 減衰のある一自由度系の自由振動について，運動方程式を立式できる．
- 臨界減衰係数や減衰比，減衰固有振動数の意味を理解する．
- 臨界減衰係数や減衰比，減衰固有振動数を計算により求められる．

4-1 減衰のある自由振動とは

減衰のある自由振動とは，図4.1のように「質量mの質点」と「ばね定数kのばね」，「減衰係数cの減衰」から構成される系が，最初に動くきっかけが与えられ，あとは自然に動く振動である．単純に減衰自由振動と呼ぶこともある．

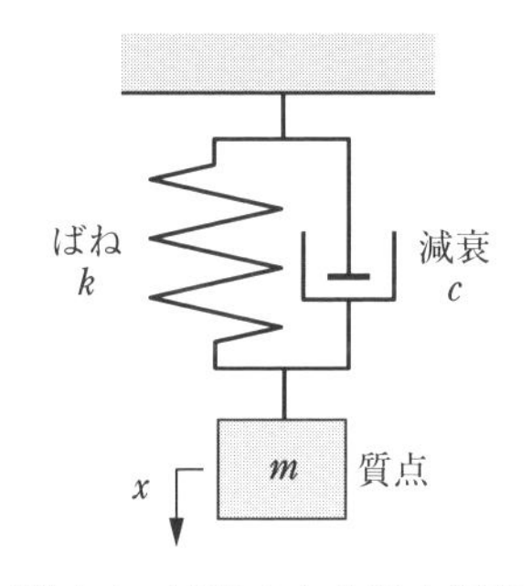

図4.1 減衰のある自由振動

第3章で扱った減衰のない自由振動は，一度発生すると永久に収まることはなかった．つまり地球上には存在しない理想状態での振動だった．なぜなら，実際の地球上の振動は，空気抵抗や摩擦などの振動を止めようとする力により徐々に収まっていく（= 減衰していく）からである．

減衰を考えた場合，減衰を考えない場合と比べて，振動の振る舞いや運動方程式は複雑になるが，より実際の振動に近くなる．減衰の振る舞いも振動の特徴を述べる上では極めて重要である．

4-2 運動方程式

減衰のある自由振動では，図4.2のように振動系に慣性力 $-m\ddot{x}$ と減衰力 $-c\dot{x}$，復元力 $-kx$ が働く．「慣性力と減衰力と復元力が釣り合っている」，または，「慣性力と減衰力と復元力のほかに働く力はない（ゼロ）」ということを数式で表すと，

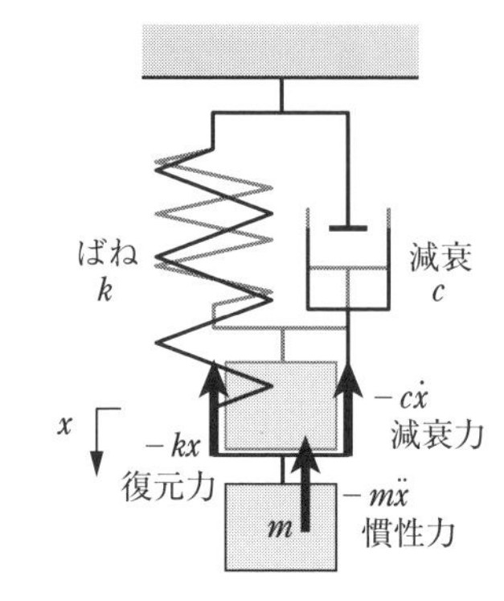

図 4.2 減衰のある自由振動に働く力

$$慣性力+減衰力+復元力 = 0$$

$$-m\ddot{x}-c\dot{x}-kx = 0 \qquad (4.1)$$

となる．あるいは，両辺に -1 を掛けると，

$$m\ddot{x}+c\dot{x}+kx = 0 \qquad (4.2)$$

を得る．式(4.1)あるいは式(4.2)を**減衰のある一自由度系の自由振動の運動方程式**という．さらに，式(4.2)を変形していく．両辺を m で割ると，

$$\ddot{x}+\frac{c}{m}\dot{x}+\frac{k}{m}x = 0 \qquad (4.3)$$

ここで，式(3.4)で定義した固有円振動数 ω_n と次式で定義する**減衰比**（damping ratio）ζ を導入する．

$$\zeta = \frac{c}{2\sqrt{mk}} = \frac{c}{2\sqrt{m^2\dfrac{k}{m}}} = \frac{c}{2m\omega_n} \qquad \therefore \quad \frac{c}{m} = 2\zeta\omega_n \qquad (4.4)$$

ここで，式(4.4)で定義した減衰比 ζ は振動の減衰の具合（収まりやすさ）を表すものであり，固有円振動数 ω_n と同様に，重要なパラメーターである．その理由は4.4節(1)項で説明する．

式(3.4)で定義した固有円振動数 ω_n と式(4.4)で定義した減衰比 ζ を使えば，式(4.3)は，

$$\ddot{x}+2\zeta\omega_n\dot{x}+\omega_n^2x=0 \tag{4.5}$$

となる．式(4.5)もまた，減衰のある一自由度系の自由振動の運動方程式である．式(4.1)には質量 m と減衰係数 c，ばね定数 k が含まれているのに対し，式(4.5)は減衰比 ζ と固有円振動数 ω_n のみの式である．したがって，質量 m や減衰係数 c，ばね定数 k が違っていても，減衰比 ζ や固有円振動数 ω_n が等しければ，振動の振る舞いは同じになる．

4-3 運動方程式の解

次に，減衰のある自由振動の運動方程式の解を求める．つまり，減衰のある自由振動がどのような振動になるかを考察する．ここでは，式(4.2)の解を求めていく．

第3章と同様に，ここでは解を仮定し，それが解として成立するか，成立するにはどのような条件を満たす必要があるかを確かめる．式(4.2)の解として，

$$x=e^{st} \tag{4.6}$$

を仮定する．e はネイピア数，s は定数，t は時間である．式(4.2)は x，その一階微分 $\dot{x}$，さらには二階微分 $\ddot{x}$ を含んでおり，何度微分をしても形の変わらない e が微分方程式の解の候補となることはうなずける．

式(4.6)を時間 t で微分すれば，

$$\dot{x}=se^{st} \tag{4.7}$$

$$\ddot{x}=s^2e^{st} \tag{4.8}$$

となる．微分することでなぜ s が e の前に出てくるのかがわからない人は，3.3節の「復習：合成関数の微分」を参照のこと．

式(4.6)～(4.8)を式(4.2)に代入すれば，次式を得る．

$$\begin{aligned} ms^2e^{st}+cse^{st}+ke^{st}&=0 \\ (ms^2+cs+k)e^{st}&=0 \end{aligned} \tag{4.9}$$

復習：オイラーの公式

なぜ，振動の問題を扱っているのに，三角関数ではなくネイピア数eが出てきたか不思議に思う読者もいるだろう．ところが，ネイピア数eと三角関数は以下のオイラーの公式で密接な関係がある．

$$e^{j\theta} = \cos\theta + j\sin\theta$$

ここで，jは虚数単位である．オイラーの公式はネイピア数eと三角関数，虚数をつなぐ，魅力的な公式である．オイラーの公式を利用して，三角関数をネイピア数eに置き換えることで，微分や積分がより簡単に行えるメリットがある．

なお，振動の問題への適用に際して4.3節(1)項のとおり虚数部を消すこともできる．

したがって，

$$ms^2 + cs + k = 0 \tag{4.10}$$

となる．式(4.10)はsについての二次方程式であるので，解の公式を用いれば，次式のように2つの解s_1，s_2が得られる．なお，オイラーの公式を適用できるように，解が複素数になるようにしている．

$$\begin{aligned} s_1 &= \frac{-c+\sqrt{c^2-4mk}}{2m} = -\frac{c}{2m} + \sqrt{\left(\frac{c}{2m}\right)^2 - \frac{k}{m}} \\ &= -\frac{c}{2m} + j\sqrt{\frac{k}{m} - \left(\frac{c}{2m}\right)^2} \end{aligned} \tag{4.11}$$

$$s_2 = -\frac{c}{2m} - j\sqrt{\frac{k}{m} - \left(\frac{c}{2m}\right)^2} \tag{4.12}$$

したがって，式(4.6)で仮定した解は，sがs_1，s_2のとき式(4.2)の解として成立する．以上をまとめれば，式(4.2)の解は式(4.6)に式(4.11)，(4.12)を代入した，

$$x_1 = e^{s_1 t}, \quad x_2 = e^{s_2 t} \tag{4.13}$$

である．また，式(4.13)の2つの解の線形結合[*1]である，

$$x = D_1 x_1 + D_2 x_2 = D_1 e^{s_1 t} + D_2 e^{s_2 t} \tag{4.14}$$

もまた解である．ここで，D_1，D_2 は定数である．

解説：2つの解の線形結合は解になるか？

2つの解の線形結合（式(4.14)）が式(4.2)の解になるかを確かめる．x_1，x_2 はそれぞれ式(4.2)の解であるから，

$$m\ddot{x}_1 + c\dot{x}_1 + kx_1 = 0$$

$$m\ddot{x}_2 + c\dot{x}_2 + kx_2 = 0$$

である．また，式(4.14)を式(4.2)左辺に代入すれば，

$$\begin{aligned} & m\ddot{x} + c\dot{x} + kx \\ & \quad = m(D_1\ddot{x}_1 + D_2\ddot{x}_2) + c(D_1\dot{x}_1 + D_2\dot{x}_2) + k(D_1 x_1 + D_2 x_2) \\ & \quad = D_1(m\ddot{x}_1 + c\dot{x}_1 + kx_1) + D_2(m\ddot{x}_2 + c\dot{x}_2 + kx_2) \\ & \quad = D_1 \cdot 0 + D_2 \cdot 0 = 0 \end{aligned}$$

となり，式(4.2)の右辺（つまり0）と等しくなるため，式(4.14)もまた，解である．

さて，ここで式(4.11)，(4.12) が複素数になるか実数になるか（つまり，根号内が正になるか負になるかゼロになるか）で，オイラーの公式が使えるか使えないかが決まるため，解のかたちが大きく変わると予想される．第3章の減衰のない振動では三角関数の解のみであったことから，さまざまなかたちの解が予想されるのは減衰の影響であるといえる．そこで，減衰係数 c に着目して，解のか

＊1　それぞれを定数倍して足し合わせたもの．一次結合ともいう．

たちを検討してみる．根号内がゼロとなる減衰係数を c_c とすれば，

$$\frac{k}{m}-\left(\frac{c_c}{2m}\right)^2=0$$

$$\frac{c_c}{2m}=\sqrt{\frac{k}{m}}$$

$$c_c=2\sqrt{mk} \tag{4.15}$$

であり，式(4.15)の c_c を境に振動の振る舞いが変化する．そこでこの境界の減衰係数である c_c を**臨界減衰係数**（critical damping coefficient）〔Ns/m〕と定義する．また，臨界減衰係数 c_c に対する減衰係数 c の比を式(4.16)のとおり**減衰比**（比率のため単位なし，あるいは百分率で表して〔%〕）ζ と定義する．なお，ここで定義した減衰比 ζ は式(4.4)で導入したものと同じである．

$$\zeta=\frac{c}{c_c}=\frac{c}{2\sqrt{mk}} \tag{4.16}$$

また，式(4.11)，(4.12)の根号部を，**減衰固有円振動数**（damping natural circular frequency）ω_d と定義する．減衰固有円振動数 ω_d についての詳しい説明は，4.4節(2)項に示す．減衰固有円振動数 ω_d は固有円振動数 ω_n や減衰比 ζ を用いれば，式(4.17)のとおり表される．

$$\begin{aligned}\omega_d&=\sqrt{\frac{k}{m}-\left(\frac{c}{2m}\right)^2}\\&=\sqrt{\frac{k}{m}}\sqrt{1-\frac{m}{k}\cdot\frac{c^2}{4m^2}}\\&=\omega_n\sqrt{1-\zeta^2}\end{aligned} \tag{4.17}$$

式(4.4)，(4.17)を用いれば，式(4.11)，(4.12)の s_1，s_2 は，

$$s_1=-\zeta\omega_n+j\omega_d,\quad s_2=-\zeta\omega_n-j\omega_d \tag{4.18}$$

となり，同じく式(4.13)，(4.14)は，次式となる．

$$x_1=e^{(-\zeta\omega_n+j\omega_d)t},\quad x_2=e^{(-\zeta\omega_n-j\omega_d)t} \tag{4.19}$$

$$x = D_1 e^{(-\zeta\omega_n + j\omega_d)t} + D_2 e^{(-\zeta\omega_n - j\omega_d)t} \tag{4.20}$$

次に，式(4.11)，(4.12)の根号内が正になるか負になるか，つまりζの値により運動方程式の解がどのように変わるかを考察する．

(1)　$0 < \zeta < 1$のとき

$0 < \zeta < 1$のとき，つまり式(4.11)，(4.12)に示したs_1，s_2の根号内が正，または別の言い方をすれば減衰係数cが臨界減衰係数c_cより小さいとき，運動方程式の解は以下のようになる．

式(4.20)およびオイラーの公式より，

$$\begin{aligned} x &= D_1 e^{(-\zeta\omega_n + j\omega_d)t} + D_2 e^{(-\zeta\omega_n - j\omega_d)t} \\ &= D_1 e^{-\zeta\omega_n t} e^{j\omega_d t} + D_2 e^{-\zeta\omega_n t} e^{-j\omega_d t} \\ &= e^{-\zeta\omega_n t}(D_1 e^{j\omega_d t} + D_2 e^{-j\omega_d t}) \\ &= e^{-\zeta\omega_n t}(D_1(\cos\omega_d t + j\sin\omega_d t) + D_2(\cos\omega_d t - j\sin\omega_d t)) \\ &= e^{-\zeta\omega_n t}((D_1 + D_2)\cos\omega_d t + j(D_1 - D_2)\sin\omega_d t) \end{aligned} \tag{4.21}$$

ここでsinの項に虚数単位jが含まれているが，D_1，D_2を式(4.22)のとおり共役な複素数として定めれば，虚数単位jはみごとに消える．つまり，C_1，C_2を定数として，

$$D_1 = \frac{1}{2}(C_1 - C_2 j), \quad D_2 = \frac{1}{2}(C_1 + C_2 j) \tag{4.22}$$

とすれば，

$$\begin{aligned} D_1 + D_2 &= \frac{1}{2}(C_1 - C_2 j) + \frac{1}{2}(C_1 + C_2 j) = C_1 \\ D_1 - D_2 &= \frac{1}{2}(C_1 - C_2 j) - \frac{1}{2}(C_1 + C_2 j) = -C_2 j \end{aligned} \tag{4.23}$$

となる．したがって，式(4.23)を式(4.21)に代入し，

$$\begin{aligned} x &= e^{-\zeta\omega_n t}(C_1\cos\omega_d t + j(-C_2 j)\sin\omega_d t) \\ &= e^{-\zeta\omega_n t}(C_1\cos\omega_d t + C_2\sin\omega_d t) \end{aligned} \tag{4.24}$$

を得る．さらに3.3節の「復習：三角関数の合成」を用いれば，

$$x = e^{-\zeta\omega_n t}\sqrt{{C_1}^2+{C_2}^2}\cos(\omega_d t-\phi) \tag{4.25}$$

$$ただし，\phi = \tan^{-1}\frac{C_2}{C_1}$$

となる．

そこで，式(4.25)の定数 C_1，C_2 を求めてみよう．減衰のない場合の自由振動と同様に，初期条件が与えられれば C_1，C_2 は求まる．時間 $t=0$ における初期変位を $x(0)=x_0$，初速度を $\dot{x}(0)=v_0$ とする．また，式(4.24)とその時間微分より，次式を得る．

$$\begin{aligned} x(0) &= e^{-\zeta\omega_n 0}(C_1\cos\omega_d 0+C_2\sin\omega_d 0) \\ &= 1\cdot(C_1\cdot 1+C_2\cdot 0) \\ &= C_1 \end{aligned} \tag{4.26}$$

$$\begin{aligned} \dot{x}(0) &= -e^{-\zeta\omega_n 0}\{\zeta\omega_n(C_1\cos\omega_d 0+C_2\sin\omega_d 0)+\omega_d(C_1\sin\omega_d 0-C_2\cos\omega_d 0)\} \\ &= -\{\zeta\omega_n(C_1\cdot 1+C_2\cdot 0)+\omega_d(C_1\cdot 0-C_2\cdot 1)\} \\ &= -\zeta\omega_n C_1+\omega_d C_2 \end{aligned} \tag{4.27}$$

解説：速度の導出

式(4.24)の時間微分は，積の微分法則より以下のとおりである．

$$\begin{aligned} \dot{x} &= -\zeta\omega_n e^{-\zeta\omega_n t}(C_1\cos\omega_d t+C_2\sin\omega_d t) \\ &\qquad +e^{-\zeta\omega_n t}(-C_1\omega_d\sin\omega_d t+C_2\omega_d\cos\omega_d t) \\ &= -e^{-\zeta\omega_n t}\{\zeta\omega_n(C_1\cos\omega_d t+C_2\sin\omega_d t)+\omega_d(C_1\sin\omega_d t-C_2\cos\omega_d t)\} \end{aligned}$$

式(4.26)，(4.27)より，

$$C_1 = x_0 \tag{4.28}$$

$$-\zeta\omega_n C_1 + \omega_d C_2 = v_0$$

$$C_2 = \frac{v_0}{\omega_d} + \frac{x_0\zeta\omega_n}{\omega_d} = \frac{v_0 + x_0\zeta\omega_n}{\omega_d} \tag{4.29}$$

となるから，式(4.25)は，

$$x = e^{-\zeta\omega_n t}\sqrt{{x_0}^2 + \left(\frac{v_0 + x_0\zeta\omega_n}{\omega_d}\right)^2}\cos(\omega_d t - \phi) \tag{4.30}$$

ただし，$\phi = \tan^{-1}\dfrac{v_0 + x_0\zeta\omega_n}{\omega_d x_0}$

となる．式(4.30)が $0 < \zeta < 1$ のときの運動方程式の解である．質点は図 4.3 のような振動をする．式(4.30)ならびに図 4.3 を見れば，余弦波が振幅を時間について指数関数的に減少させながら，収束していく様子がわかる．$0 < \zeta < 1$ の場合の自由振動を**減衰自由振動**（damped free vibration）と呼ぶ．

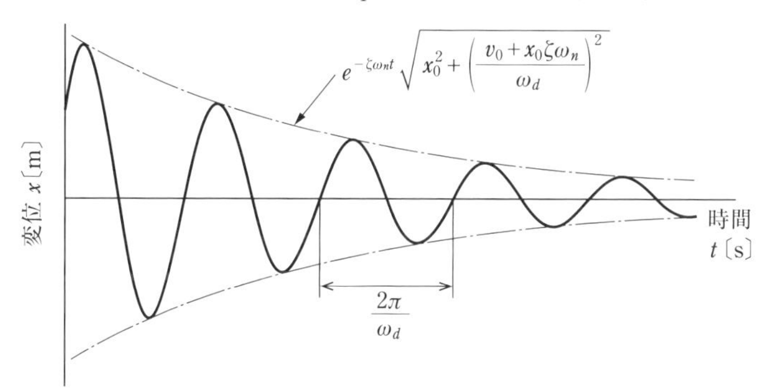

図 4.3　減衰のある自由振動（$0 < \zeta < 1$ のとき）

(2)　$\zeta = 1$ のとき

$\zeta = 1$ のとき，つまり式(4.11)，(4.12)に示した s_1，s_2 の根号内がゼロ，または別の言い方をすれば減衰係数 c が臨界減衰係数 c_c と等しいとき，あるいは式(4.17)で示した減衰固有振動数 ω_d がゼロのとき，s_1，s_2 は等しくなり，解は C_1 を新たな定数として，

$$x = C_1 e^{-\zeta\omega_n t} \tag{4.31}$$

となる．これでは，任意の定数がC_1だけになり，振幅と位相の2つの情報を含んだ解として使用できない．そこで，解として，

$$x = (C_1 + C_2 t)e^{-\zeta\omega_n t} \tag{4.32}$$

を導入すると，$\zeta = 1$のときには，これが解になる．ただし，C_1，C_2は新たな定数である．詳しくは，微分方程式の教科書などを参考にするとよい（二階線形常微分方程式）．

式(4.32)の定数C_1，C_2は，これまでと同様に初期条件が与えられれば求まる．時間$t = 0$における初期変位を$x(0) = x_0$，初速度を$\dot{x}(0) = v_0$とする．また，式(4.32)とその時間微分より，

$$x(0) = (C_1 + C_2 \cdot 0)e^{-\zeta\omega_n 0} = C_1 \tag{4.33}$$

$$\dot{x}(0) = (C_2 - \zeta\omega_n(C_1 + C_2 \cdot 0))e^{-\zeta\omega_n 0} = C_2 - \zeta\omega_n C_1 \tag{4.34}$$

となる．以上より，

$$C_1 = x_0 \tag{4.35}$$

$$\begin{aligned} C_2 - \zeta\omega_n C_1 &= v_0 \\ C_2 &= v_0 + \zeta\omega_n x_0 \end{aligned} \tag{4.36}$$

となるから，式(4.32)は，

$$x = \{x_0 + (v_0 + \zeta\omega_n x_0)t\}e^{-\zeta\omega_n t} \tag{4.37}$$

解説：速度，加速度の導出

式(4.32)の時間微分は，

$$\dot{x} = \{C_2 - \zeta\omega_n(C_1 + C_2 t)\}e^{-\zeta\omega_n t}$$

$$\ddot{x} = \{-\zeta\omega_n C_2 + (\zeta\omega_n)^2(C_1 + C_2 t)\}e^{-\zeta\omega_n t}$$

であるから，上式と式(4.32)を式(4.2)に代入すれば，式(4.32)は解としてふさわしいことが確認できる．ただし，$\zeta = 1$であることに留意すること．

となり，これが$\zeta=0$のときの運動方程式の解である．$\zeta=1$のとき，質点は図4.4のような運動をする．式(4.37)のとおり，運動方程式の解に三角関数は含まれず，振動しない．図4.4に示すように，変位は時間とともにゼロに収束する．$\zeta=1$が振動をするかしないかの境界なので，$\zeta=1$の場合を**臨界減衰**（critical damping）と呼ぶ．

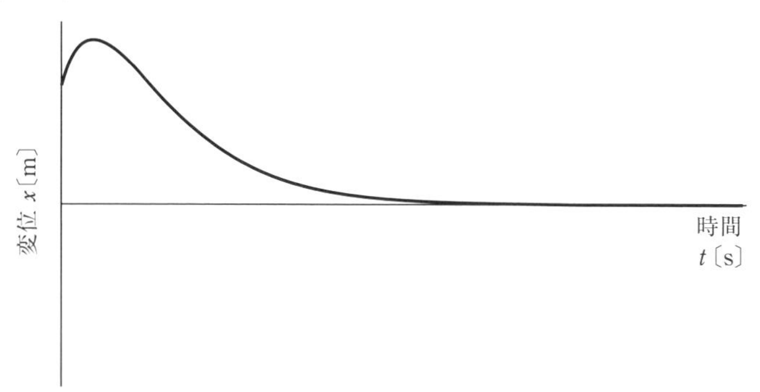

図 4.4 臨界減衰のときの運動（$\zeta=1$のとき）

(3) $1<\zeta$のとき

$1<\zeta$のとき，つまり式(4.11)，(4.12)に示したs_1，s_2の根号内が負のとき，または別の言い方をすれば減衰係数cが臨界減衰係数c_cより大きいとき，s_1，s_2は，根号内を正にすることに留意すれば，

$$
\begin{aligned}
s_1 &= -\frac{c}{2m}+j\sqrt{-1\cdot\left(\left(\frac{c}{2m}\right)^2-\frac{k}{m}\right)} \\
&= -\frac{c}{2m}-\sqrt{\left(\frac{c}{2m}\right)^2-\frac{k}{m}} \qquad (4.38)
\end{aligned}
$$

$$
s_2 = -\frac{c}{2m}+\sqrt{\left(\frac{c}{2m}\right)^2-\frac{k}{m}} \qquad (4.39)
$$

となり，共に負の実数になる．そこで，

$$
\tau_1 = s_2^{-1} = \left(-\frac{c}{2m}+\sqrt{\left(\frac{c}{2m}\right)^2-\frac{k}{m}}\right)^{-1} \qquad (4.40)
$$

$$
\tau_2 = s_1^{-1} = \left(-\frac{c}{2m}-\sqrt{\left(\frac{c}{2m}\right)^2-\frac{k}{m}}\right)^{-1} \qquad (4.41)
$$

解説：速度の導出

式(4.42)の時間微分は，以下のとおりである．

$$\dot{x}=\frac{C_1}{\tau_1}e^{\frac{t}{\tau_1}}+\frac{C_2}{\tau_2}e^{\frac{t}{\tau_2}}$$

とおくと，式(4.14)は C_1，C_2 を新たな定数として，

$$x=C_1e^{\frac{t}{\tau_1}}+C_2e^{\frac{t}{\tau_2}} \tag{4.42}$$

となり，これが $1<\xi$ のときの運動方程式の解となる．

式(4.42)の定数 C_1，C_2 は，これまでと同様に初期条件が与えられれば求まる．時間 $t=0$ における初期変位を $x(0)=x_0$，初速度を $\dot{x}(0)=v_0$ とする．また，式(4.42)とその時間微分より，

$$x(0)=C_1e^{\frac{0}{\tau_1}}+C_2e^{\frac{0}{\tau_2}}=C_1+C_2 \tag{4.43}$$

$$\dot{x}(0)=\frac{C_1}{\tau_1}e^{\frac{0}{\tau_1}}+\frac{C_2}{\tau_2}e^{\frac{0}{\tau_2}}=\frac{C_1}{\tau_1}+\frac{C_2}{\tau_2} \tag{4.44}$$

となる．以上より，

$$C_1+C_2=x_0 \tag{4.45}$$

$$\frac{C_1}{\tau_1}+\frac{C_2}{\tau_2}=v_0 \tag{4.46}$$

となるから，式(4.45)，(4.46)を連立方程式として C_1，C_2 を求めれば，

$$C_1=\frac{\tau_1x_0-\tau_1\tau_2v_0}{\tau_1-\tau_2} \tag{4.47}$$

$$C_2=\frac{\tau_1\tau_2v_0-\tau_2x_0}{\tau_1-\tau_2} \tag{4.48}$$

を得る．これを式(4.42)に代入すれば，

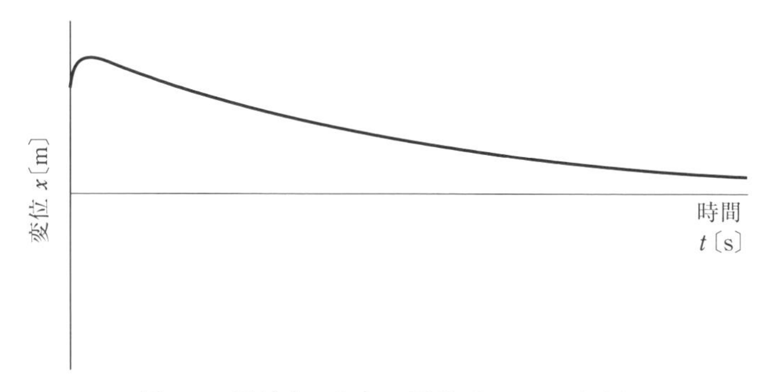

図 4.5 過減衰のときの運動（$1<\xi$ のとき）

$$
\begin{aligned}
x &= \frac{\tau_1 x_0 - \tau_1 \tau_2 v_0}{\tau_1 - \tau_2} e^{\frac{t}{\tau_1}} + \frac{\tau_1 \tau_2 v_0 - \tau_2 x_0}{\tau_1 - \tau_2} e^{\frac{t}{\tau_2}} \\
&= \frac{1}{\tau_1 - \tau_2} \left\{ (\tau_1 x_0 - \tau_1 \tau_2 v_0) e^{\frac{t}{\tau_1}} + (\tau_1 \tau_2 v_0 - \tau_2 x_0) e^{\frac{t}{\tau_2}} \right\}
\end{aligned}
\qquad (4.49)
$$

となり，これが $1<\xi$ のときの運動方程式の解である．$1<\xi$ のとき，質点は図 4.5 のような運動をする．式(4.49)のとおり，運動方程式の解に三角関数は含まれず，振動しない．図 4.5 に示すように，変位は時間と共にゼロに収束する．$1<\xi$ の場合を**過減衰**（overdamping）と呼ぶ．

4-4 減衰のある自由振動のポイント

(1) 臨界減衰係数，減衰比

4.3 節で示したとおり，減衰のある運動方程式では，解が 3 通りあり，それぞれの運動を，減衰振動，臨界減衰，過減衰という．なお，実際の振動問題として重要になるのは減衰振動である．どの運動をするかは，臨界減衰係数 c_c と減衰係数 c の関係，言い換えると減衰比 ξ の値によって決まる．つまり，

- $c<c_c$，$0<\xi<1$ のとき：減衰振動
- $c=c_c$，$\xi=1$ のとき：臨界減衰
- $c_c<c$，$1<\xi$ のとき：過減衰

である．したがって，臨界減衰係数 c_c，減衰比 ξ は極めて重要な変数であり，

ここに再掲する．

$$c_c = 2\sqrt{mk} \tag{4.50}$$

$$\zeta = \frac{c}{c_c} = \frac{c}{2\sqrt{mk}} \tag{4.51}$$

式(4.50)のとおり，臨界減衰係数 c_c は質量 m とばね定数 k から求まる変数である．減衰比 ζ は臨界減衰係数 c_c に対する減衰係数 c の比であり，言い換えると，質量 m およびばね定数 k と減衰係数 c の関係を表している．減衰係数 c が大きくなると減衰比 ζ も大きくなり，しだいに減衰振動から過減衰へと推移する．

図 4.6 は減衰比による振動応答の違いを表したもので，初期変位 1 を与えた後にそっと手を離した際の時刻歴波形である．減衰比 ζ が大きくなるにつれて振

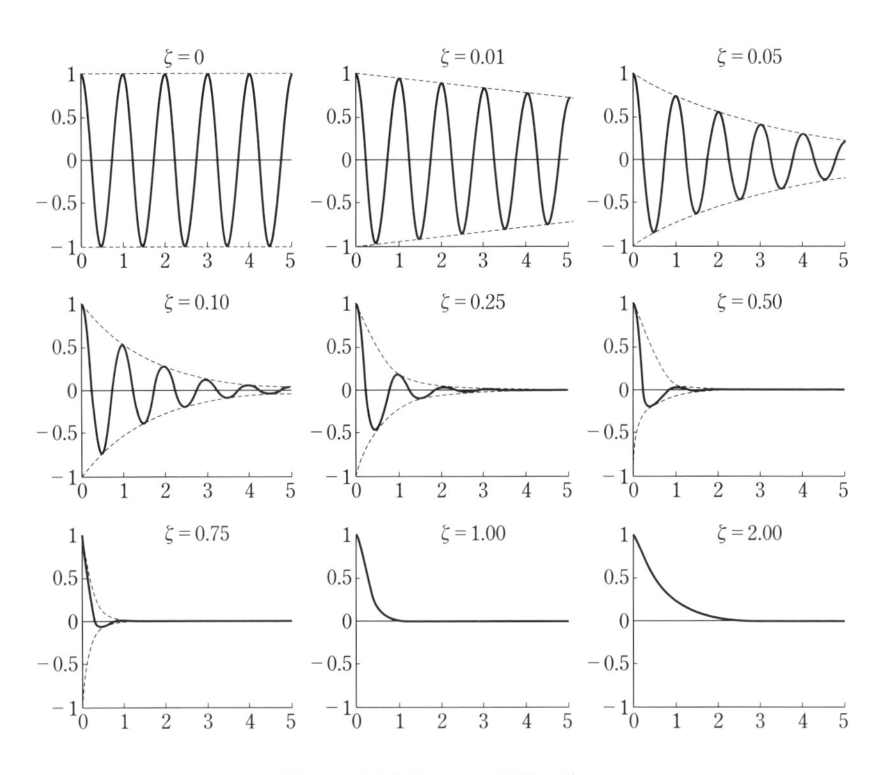

図 4.6　減衰比による運動の違い

動が収まりやすくなっており，1を超えたところで振動しなくなることがわかる．

なお，金属の棒などの単純なものの減衰比は0.001（＝0.1％）未満であるが，構造物になると締結部の摩擦などの影響で減衰は増加する．また，通常の建物では0.01～0.03（＝1～3％）程度，自動車のサスペンションの減衰は0.30～0.50（＝30～50％）程度である．

例題 4.1

質点の質量 $m = 5.00$〔kg〕，ばね定数 $k = 10\,000$〔N/m〕，減衰係数 $c = 50.0$〔Ns/m〕の一自由度系について，臨界減衰係数 c_c〔Ns/m〕，減衰比 ζ を求めよ．また，この系は振動するか？

解答　式(4.15)あるいは式(4.50)より，臨界減衰係数 c_c は，

$$c_c = 2\sqrt{mk} = 2\sqrt{5.00 \times 10\,000} = 447 \text{〔Ns/m〕}$$

また，式(4.16)あるいは(4.51)より，減衰比 ζ は，

$$\zeta = \frac{c}{c_c} = \frac{50.0}{2\sqrt{5.00 \times 10\,000}} = 0.112$$

ここで，$c < c_c$（もしくは，$0 < \zeta < 1$）なので，この系は振動する．

(2)　減衰固有円振動数

式(4.17)では，計算の過程で減衰固有円振動数 ω_d を導入したが，これも減衰自由振動において重要な変数である．なぜならば，減衰自由振動は式(4.30)で示したとおり，

$$x = e^{-\zeta\omega_n t}\sqrt{{x_0}^2 + \left(\frac{v_0 + x_0\zeta\omega_n}{\omega_d}\right)^2}\cos(\omega_d t - \phi) \qquad (4.52)$$

となり，減衰自由振動は余弦波状に振動し，その円振動数は ω_d になるからである．なお，減衰固有円振動数 ω_d は式(4.17)に示したとおり，

$$\omega_d = \omega_n\sqrt{1 - \zeta^2} \text{〔rad/s〕} \qquad (4.53)$$

であり，減衰比が小さければ，減衰固有円振動数 ω_d は減衰がない場合の固有円振動数 ω_n とほぼ等しくなる．

また，3.4 節(1)項を参考にすれば，減衰固有振動数 f_d，減衰固有周期 T_d は，

$$f_d = \frac{\omega_d}{2\pi} \text{〔Hz〕} \tag{4.54}$$

$$T_d = \frac{2\pi}{\omega_d} \text{〔s〕} \tag{4.55}$$

である．

例題 4.2

例題 4.1 の一自由度系について，減衰がない場合の固有円振動数 ω_n〔rad/s〕と減衰固有円振動数 ω_d〔rad/s〕を求めよ．

解答 式(3.4)あるいは式(3.16)より，減衰がない場合の固有円振動数 ω_n は，

$$\omega_n = \sqrt{\frac{k}{m}} = \sqrt{\frac{10\,000}{5.00}} = 44.7 \text{〔rad/s〕}$$

また，式(4.17)あるいは式(4.53)より，減衰固有円振動数 ω_d は，

$$\omega_d = \omega_n\sqrt{1-\zeta^2} = 44.7\sqrt{1-0.112^2} = 44.4 \text{〔rad/s〕}$$

である．ただし，例題 4.1 より，$\zeta = 0.112$ である．

(3) 対数減衰率

実際に機械などを自由振動させて，時刻歴波形を計測する際，その機械の減衰を評価するときには，対数減衰率 δ を使用するのが便利である．対数減衰率を以下のとおり定義する．

図 4.7 のような減衰自由振動を考える．隣り合う山の頂点の高さをそれぞれ x_1，x_2 とすれば，式(4.30)より，その高さはそれぞれ次式となる．

$$x_1 = e^{-\zeta\omega_n t}\sqrt{x_0{}^2+\left(\frac{v_0+x_0\zeta\omega_n}{\omega_d}\right)^2}\cos(\omega_d t-\phi) \tag{4.56}$$

$$x_2 = e^{-\zeta\omega_n(t+T_d)}\sqrt{x_0{}^2+\left(\frac{v_0+x_0\zeta\omega_n}{\omega_d}\right)^2}\cos(\omega_d(t+T_d)-\phi) \tag{4.57}$$

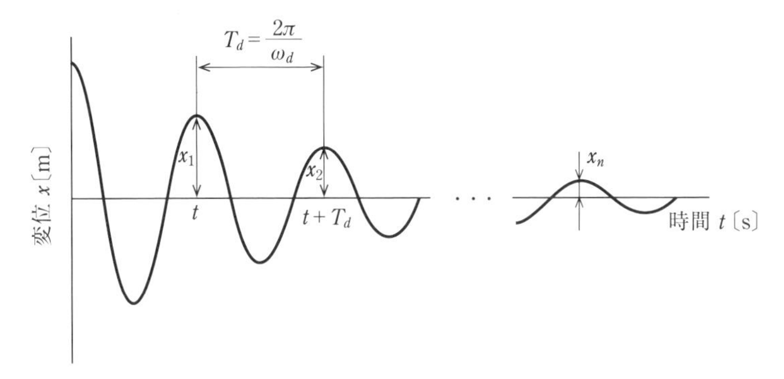

図 4.7　対数減衰率

ここで，式(4.57)の cos は式(4.55)より周期 $T_d = 2\pi/\omega_d$ であるから，$\cos(\omega_d(t+T_d)-\phi) = \cos(\omega_d t + 2\pi - \phi) = \cos(\omega_d t - \phi)$ となる．x_1，x_2 の比をとれば次式となる．

$$
\begin{aligned}
\frac{x_1}{x_2} &= \frac{e^{-\zeta\omega_n t}\sqrt{{x_0}^2 + \left(\dfrac{v_0 + x_0\zeta\omega_n}{\omega_d}\right)^2}\cos(\omega_d t - \phi)}{e^{-\zeta\omega_n(t+T_d)}\sqrt{{x_0}^2 + \left(\dfrac{v_0 + x_0\zeta\omega_n}{\omega_d}\right)^2}\cos(\omega_d t - \phi)} \\
&= \frac{e^{-\zeta\omega_n t}}{e^{-\zeta\omega_n(t+T_d)}} = \frac{e^{-\zeta\omega_n t}}{e^{-\zeta\omega_n t}e^{-\zeta\omega_n T_d}} = e^{\zeta\omega_n T_d}
\end{aligned} \tag{4.58}
$$

式(4.58)の対数をとって，式(4.59)のとおり**対数減衰率**（logarithmic decrement，比率のため単位なし，あるいは百分率で表して〔%〕）δ を定義する．

$$
\delta = \log_e \frac{x_1}{x_2} = \zeta\omega_n T_d \tag{4.59}
$$

ここで，減衰比 ζ が小さい場合に対数減衰率 δ から減衰比 ζ を近似的に求める方法を紹介する．減衰比 ζ が小さい場合には，式(4.53)より $\omega_d \fallingdotseq \omega_n$ であり，

$$
\delta = \zeta\omega_n \frac{2\pi}{\omega_d} \simeq \zeta\omega_n \frac{2\pi}{\omega_n} = 2\pi\zeta \tag{4.60}
$$

が成立する．そこで，実験などで自由振動の波形を求め，隣り合う山の頂点の高

さをそれぞれ x_1, x_2 とすれば，減衰比 ζ の近似値を次式で求めることができる．

$$\zeta \simeq \frac{1}{2\pi}\log_e\frac{x_1}{x_2} \tag{4.61}$$

なお，1周期だけでは実験結果に誤差が含まれる可能性がある．そこで，n 周期分の振幅の変化から，

$$\zeta \simeq \frac{1}{2n\pi}\log_e\frac{x_1}{x_{n+1}} \tag{4.62}$$

を使用してもよい．

例題 4.3

10周期振動すると振幅が半分になる一自由度系がある．減衰比 ζ が小さいものとして，この系の減衰比 ζ を求めよ．

解答 式(4.62)より，減衰比 ζ は次式のようになる．

$$\zeta \simeq \frac{1}{2n\pi}\log_e\frac{x_1}{x_{n+1}} = \frac{1}{2\cdot 10\pi}\log_e\frac{x_1}{\frac{x_1}{2}} = 0.0110$$

4-5 まとめ

減衰のある一自由度系の自由振動の運動方程式は以下のとおり．

$$-m\ddot{x}-c\dot{x}-kx = 0 \tag{4.1}$$

$$m\ddot{x}+c\dot{x}+kx = 0 \tag{4.2}$$

$$\ddot{x}+2\zeta\omega_n\dot{x}+\omega_n^2 x = 0 \tag{4.5}$$

臨界減衰係数 c_c，減衰比 ζ，減衰固有円振動数 ω_d は以下のとおり．

$$c_c = 2\sqrt{mk}\ \text{〔Ns/m〕} \tag{4.15}$$

$$\zeta = \frac{c}{c_c} = \frac{c}{2\sqrt{mk}} \tag{4.16}$$

$$\omega_d = \omega_n\sqrt{1-\zeta^2}\ \text{〔rad/s〕} \tag{4.17}$$

対数減衰率 δ は以下のとおり.

$$\delta = \log_e \frac{x_1}{x_2} = \zeta \omega_n T_d \tag{4.59}$$

減衰比 ζ が小さい場合の対数減衰率 δ と減衰比 ζ は以下のとおり.

$$\zeta \simeq \frac{1}{2n\pi} \log_e \frac{x_1}{x_n} \tag{4.62}$$

第5章 減衰のない一自由度系の強制振動

本章の目的

・減衰のない一自由度系の強制振動について，運動方程式を理解する．
・減衰のない一自由度系の強制振動について，運動方程式を立式できる．
・振動系の強制振動応答を計算により求められる．
・共振の意味を理解する．

5-1 減衰のない強制振動とは

振動系に外部から力が加わるときの振動を**強制振動**（forced vibration）と呼ぶ．また，外部から加わる力を**強制外力**（external force）と呼ぶ．強制外力が余弦波状で，その振動数が振動系の固有振動数に近づくと，振動系の変位，速度，加速度の応答は非常に大きくなる．これを**共振**（resonance）という．

共振は，動力学を学ぶ上で極めて重要な振動現象のうちの１つである．一般に，機械設計では，材料力学に代表される静力学的な観点で強度設計を行う．これは，ある一定の力に対して十分な強度をもつように設計することを意味する．

一方，回転機械や地震や風などの時間とともに変動する力を受ける機械構造物では，動力学的な観点も合わせて設計することも重要である．特に，人の安全に関わるような重要な機械構造物は，設計対象の振動特性をしっかり把握して共振を避ける，もしくは，共振時の応答を十分に小さくするように設計しなければならない．また，設計対象に繰り返し加わる力の影響も考慮する必要がある．つまり，静力学的な観点に加えて動力学的な観点も必要になることに注意しなければならない．

本章では，強制振動において，最も重要な現象の１つである共振について理解する．まず，振動系の減衰を無視することで運動方程式の取り扱いを簡単にする．また，強制振動の基本的な考え方，強制振動での振動系の応答について理解する．なお，質点に直接強制外力が働く場合と振動系の支持部からばねを介して力が伝達される強制変位の場合を取り扱う．

5-2 運動方程式

図 5.1 のように外部から余弦波状の強制外力 $F_0 \cos \omega t$ が振動系の質点に加わる場合を考える．このような強制振動の具体的な例として，回転機械の回転部で生じる力がその機械全体を振動させるような場合があり，強制外力による，または，力入力による強制振動と呼ばれる．

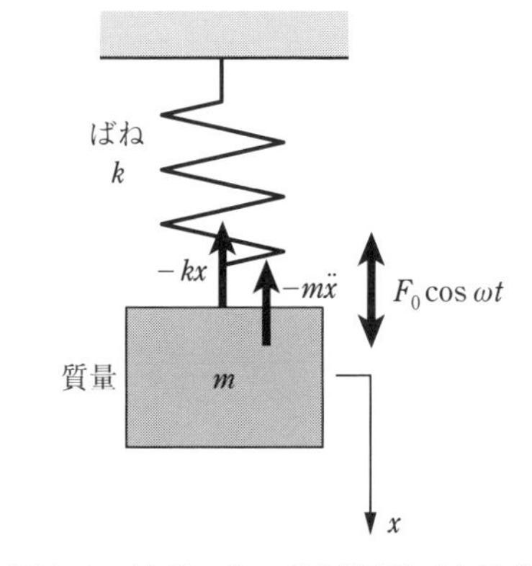

図 5.1 減衰のない強制振動（力入力）

振動系に働く力は，慣性力 $-m\ddot{x}$，ばね定数 k のばね要素による復元力 $-kx$，質点に加えられる強制外力 $F_0 \cos \omega t$ である．よって，運動方程式は次式のようになる．

$$慣性力+復元力+強制外力 = 0$$

$$\begin{aligned} -m\ddot{x} - kx + F_0 \cos \omega t &= 0 \\ m\ddot{x} + kx &= F_0 \cos \omega t \end{aligned} \tag{5.1}$$

式(5.1)を**減衰のない一自由度系の強制外力による強制振動の運動方程式**という．

5-3 運動方程式の解

式(5.1)の両辺を m で割って，整理すると次式になる．

$$\ddot{x} + \omega_n^2 x = \frac{F_0}{m} \cos \omega t \tag{5.2}$$

ここで，式(5.2)をそのまま解いた解を**強制振動解**（特解）x_s と呼ぶ．また，式(5.2)の右辺をゼロとおいた式，つまり，式(3.5)に示した自由振動の運動方程式の解を自由振動解（基本解）x_t と呼ぶ．なお，式(3.5)に示した自由振動の運動方程式の解は，式(3.7)，(3.14)，(3.15)である．このとき，下記のとおり，自由振動解 x_t と強制振動解 x_s の和もまた式(5.2)の解 x となり，次式のように表せる．

$$x = x_t + x_s \tag{5.3}$$

なお，数学的には，本書で扱う運動方程式は定数係数の二階線形常微分方程式である．このような微分方程式は，右辺がゼロの場合の同次形と右辺がゼロでない場合の非同次形に大別される．同次形の場合が自由振動，非同次形の場合が強制振動に相当する．微分方程式の知識によると非同次形の一般解は，同次形の解（基本解）と非同次形の解（特解）の和で表される．ここでは，運動方程式を例に，それを確かめる．

次に，式(5.3)のように，自由振動解 x_t と強制振動解 x_s の和が，式(5.2)の解になることを具体的に考えてみる．上述のとおり式(5.2)の右辺をゼロとした式，つまり，式(3.5)に示した自由振動の運動方程式，

$$\ddot{x} + \omega_n^2 x = 0 \tag{5.4}$$

の解を自由振動解 x_t，右辺を式(5.2)のまま $\dfrac{F_0}{m}\cos\omega t$ とした式，

$$\ddot{x} + \omega_n^2 x = \frac{F_0}{m}\cos\omega t \tag{5.5}$$

の解を強制振動解 x_s とする．つまり，

$$\ddot{x}_t + \omega_n^2 x_t = 0 \tag{5.6}$$

$$\ddot{x}_s + \omega_n^2 x_s = \frac{F_0}{m}\cos\omega t \tag{5.7}$$

である．このとき，式(5.2)の解 x は，式(5.3)で示したとおり，

$$x = x_t + x_s \tag{5.8}$$

となる．なぜなら，式(5.8)を式(5.2)に代入すると，

$$\ddot{x} + \omega_n^2 x = \frac{F_0}{m}\cos\omega t$$

$$(\ddot{x}_t + \ddot{x}_s) + \omega_n^2(x_t + x_s) = \frac{F_0}{m}\cos\omega t$$

$$(\ddot{x}_t + \omega_n^2 x_t) + (\ddot{x}_s + \omega_n^2 x_s) = \frac{F_0}{m}\cos\omega t \tag{5.9}$$

となり，さらに式(5.9)の左辺の１つ目のカッコに式(5.6)を代入すれば，

$$0 + (\ddot{x}_s + \omega_n^2 x_s) = \frac{F_0}{m}\cos\omega t$$

$$\ddot{x}_s + \omega_n^2 x_s = \frac{F_0}{m}\cos\omega t \tag{5.10}$$

となり，式(5.7)になるからである．

自由振動解 x_t は第３章で求めているため，本章では強制振動解 x_s を考える．C_1，C_2 を定数として強制振動解 x_s を，

$$x_s = C_1\cos\omega t + C_2\sin\omega t \tag{5.11}$$

とすると，速度と加速度は，式(5.11)を時間で微分することにより，

$$\begin{aligned} \dot{x}_s &= -C_1\,\omega\sin\omega t + C_2\,\omega\cos\omega t \\ \ddot{x}_s &= -C_1\,\omega^2\cos\omega t - C_2\,\omega^2\sin\omega t \end{aligned} \tag{5.12}$$

となり，式(5.2)に代入すると次式となる．

$$(-C_1\,\omega^2\cos\omega t - C_2\,\omega^2\sin\omega t) + \omega_n^2(C_1\cos\omega t + C_2\sin\omega t) = \frac{F_0}{m}\cos\omega t$$

$$C_1(\omega_n^2 - \omega^2)\cos\omega t + C_2(\omega_n^2 - \omega^2)\sin\omega t = \frac{F_0}{m}\cos\omega t \tag{5.13}$$

式(5.13)は，恒等式（t がどのような値でも，常に成立する式）であることか

ら，両辺の $\cos\omega t$ と $\sin\omega t$ の係数が等しくなくてはならない．つまり，

$$\left.\begin{aligned} C_1(\omega_n^2-\omega^2) &= \frac{F_0}{m} \\ C_2(\omega_n^2-\omega^2) &= 0 \end{aligned}\right\} \tag{5.14}$$

である．さらに $\omega_n \neq \omega$ であれば（$\omega_n = \omega$ の場合は，式(5.15)の C_1 の式の分母がゼロとなり C_1 が定まらないので，5.4節(4)項で示す），

$$\left.\begin{aligned} C_1 &= \frac{F_0}{m(\omega_n^2-\omega^2)} \\ C_2 &= 0 \end{aligned}\right\} \tag{5.15}$$

となることから，強制振動解 x_s は，次式のようになる．

$$x_s = \frac{F_0}{m(\omega_n^2-\omega^2)}\cos\omega t \tag{5.16}$$

5-4 減衰のない強制振動のポイント

(1) 共振

ここでは，式(5.16)の強制振動解 x_s をもとに，減衰のない強制振動の応答をさらに詳しく検討する．また，強制振動の中でも極めて重要な共振を説明する．

まず，いくつかの指標を導入することで，式(5.16)を一般化するとともに，単純な形にしていく．

はじめに，**静たわみ**（static deflection）$X_{st} = \dfrac{F_0}{k}$ を導入する．静たわみ X_{st} の定義より $F_0 = kX_{st}$ であり，静たわみ X_{st} は強制外力の振幅 F_0 がばねに静的に作用したときに，ばねがどの程度たわむかを表す指標といえる．式(5.16)を X_{st} を用いて変形すると，

$$
x_s = \frac{\dfrac{F_0}{k}}{\dfrac{m(\omega_n^2-\omega^2)}{k}}\cos\omega t = \frac{X_{st}}{\dfrac{1}{\omega_n^2}(\omega_n^2-\omega^2)}\cos\omega t
$$
$$
= \frac{X_{st}}{1-\left(\dfrac{\omega}{\omega_n}\right)^2}\cos\omega t \tag{5.17}
$$

となる．ここで，固有円振動数 ω_n に対する強制外力の円振動数 ω の比 $\dfrac{\omega}{\omega_n}$ を**振動数比**（frequency ratio）という．振動数比が 1 より小さいときは，固有円振動数に比べて強制外力の円振動数が小さく，ゆっくりと振動する強制外力が振動系に加わる．振動数比が 1 のときは，外力の円振動数が固有円振動数と等しくなる．振動数比が 1 より大きいときは，固有円振動数に比べて強制外力の円振動数が大きく，小刻みに振動する強制外力が振動系に加わる．

強制振動解 x_s は F_0 が余弦波状に，つまり動的に入力されたときの変位であり，静たわみ X_{st} は F_0 が静的に入力されたときの変位であるといえる．そこで，x_s と X_{st} の比で式(5.17)を一般化すれば，

$$
\frac{x_s}{X_{st}} = \frac{1}{1-\left(\dfrac{\omega}{\omega_n}\right)^2}\cos\omega t \tag{5.18}
$$

となる．式(5.18)は $\dfrac{\omega}{\omega_n}$ の値が 1 より大きいか，小さいかによって，

$$
\frac{x_s}{X_{st}} = \begin{cases} \left|\dfrac{1}{1-\left(\dfrac{\omega}{\omega_n}\right)^2}\right|\cos\omega t & \left(0 \leq \dfrac{\omega}{\omega_n} < 1\right) \\ -\left|\dfrac{1}{1-\left(\dfrac{\omega}{\omega_n}\right)^2}\right|\cos\omega t = \left|\dfrac{1}{1-\left(\dfrac{\omega}{\omega_n}\right)^2}\right|\cos(\omega t-\pi) & \left(\dfrac{\omega}{\omega_n} > 1\right) \end{cases} \tag{5.19}
$$

と表せる．つまり，強制振動解 x_s は，$0 \leq \dfrac{\omega}{\omega_n} < 1$ のとき強制外力 $F_0\cos\omega t$ と同じ方向に（つまり，位相角 $\phi = 0$〔rad〕で）振動し，$\dfrac{\omega}{\omega_n} > 1$ のとき逆方向に

(つまり，位相角 $\phi=\pi$〔rad〕で）振動する．ここで，式(5.17)の強制振動解 x_s の振幅の絶対値，つまり，F_0 が動的に入力されたときの変位の最大値 $X_F=\left|\dfrac{X_{st}}{1-\left(\dfrac{\omega}{\omega_n}\right)^2}\right|$ と静たわみ X_{st} との比を**振幅倍率**（amplitude ratio）$\dfrac{X_F}{X_{st}}$ と呼び，式(5.20)となる．

$$\frac{X_F}{X_{st}}=\frac{1}{\left|1-\left(\dfrac{\omega}{\omega_n}\right)^2\right|} \tag{5.20}$$

式(5.18)も強制振動解と静たわみの比に注目したものだったが，式(5.18)は時間の関数で cos を含んでいたのに対し，式(5.20)の振幅倍率はその振幅の絶対値を抜き出したものである．

式(5.20)から得られる振幅倍率と振動数比の関係を図示すると，図 5.2 のようになる．この図を**共振曲線**（resonance curve）と呼ぶ．ただし，縦軸の振幅倍率の代わりに強制振動解の振幅の絶対値 $|x_s|$，横軸の振動数比の代わりに外力の円振動数 ω などを使用することもある．振動数比が十分に小さいときは，振幅倍率は 1 になる．これは，静たわみ量 X_{st} と振動系の強制振動解つまり変位 x_s の振幅が一致している状況である．振動数比が 1 に近くなると，振動系の振幅は

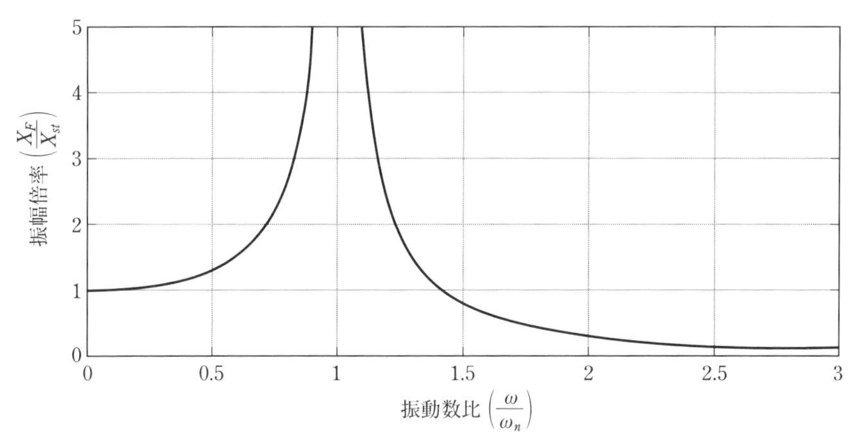

図 5.2　減衰がない振動系の振動数比と振幅倍率の関係（強制外力）

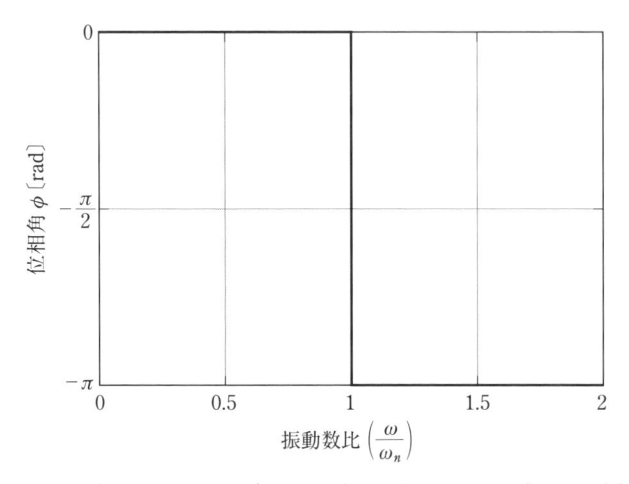

図 5.3 減衰がない振動系の振動数比と位相の関係（強制外力）

大きくなり，1 のとき振幅倍率は無限大となる．この現象を共振，このときの強制外力の振動数を**共振振動数**（resonance frequency），あるいは**共振点**（resonance point）と呼ぶ．減衰のない振動系では，固有振動数と共振振動数は等しくなる．質点とばねから構成される振動系は，必ずこのような共振を生じる．さらに，振動数比が十分に大きいときは，振動系の振幅倍率がほとんどゼロになる．

次に，図 5.3 は，振動数比と位相角の関係を示している．この図を**位相曲線**（phase curve）と呼ぶ．振動数比が 1 より小さいときは，位相角はゼロとなり，質点は常に強制外力と同じ方向に振動する．これを**同位相**（in-phase）という．また，振動数比が 1 より大きいときは，強制外力に対して位相が $180° = \pi$〔rad〕遅れ，質点は常に強制振動と逆方向に振動する．これを**逆位相**（out-of-phase）という．

ブレイク：位相角

傘のような長い棒状の物体を手で吊るして振り子のように振ってみよう．ゆっくり腕を前後に動かしているときは，長い棒状の物体は手の前後の動きと同じ方向に振れる（位相角がゼロ）．ところが，手の動きを早くすると長い棒状の物体は手の前後の動きと逆に動く（位相角が $-180° = -\pi$〔rad〕）．

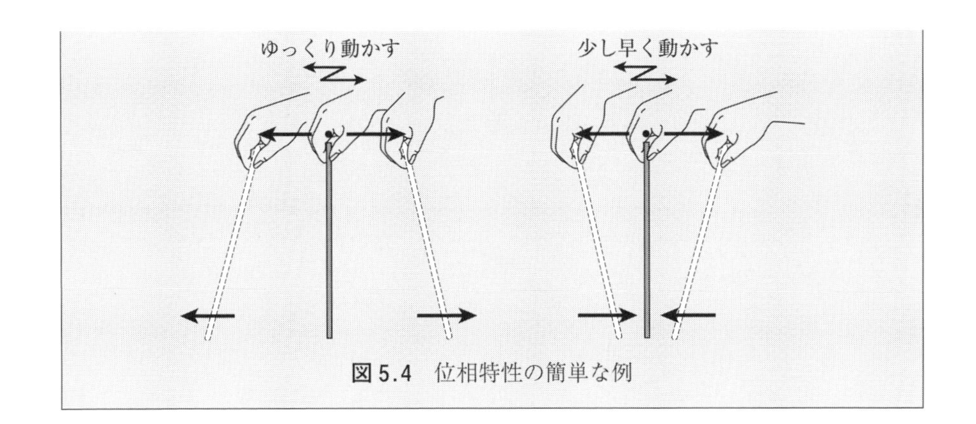

図 5.4　位相特性の簡単な例

例題 5.1

質点の質量 $m = 2.00$〔kg〕，ばね定数 $k = 20.0$〔kN/m〕の一自由度系に $F_0 \cos \omega t$ の強制外力が作用している．

1）強制外力の振幅 $F_0 = 100$〔N〕，周波数 $f = 25.0$〔Hz〕のときの強制振動応答の振幅倍率 $\dfrac{X_F}{X_{st}}$ を求めよ．

2）強制振動応答の振幅 X_F を静たわみ X_{st} の $\dfrac{1}{10}$ 以下に抑えるための外力の周波数の条件を求めよ．

解答　1）固有円振動数 ω_n は，

$$\omega_n = \sqrt{\frac{k}{m}} = \sqrt{\frac{20.0 \times 10^3}{2.00}} = 100\,〔\mathrm{rad/s}〕$$

強制外力の周波数を円振動数 ω に変換すると，

$$\omega = 2\pi f = 157\,〔\mathrm{rad/s}〕$$

静たわみ X_{st} は，

$$X_{st} = \frac{F_0}{k} = \frac{100}{20.0 \times 10^3} = 5.00 \times 10^{-3}\,〔\mathrm{m}〕$$

式(5.20)より，強制振動による定常応答の振幅倍率 $\dfrac{X_F}{X_{st}}$ は，

$$\frac{X_F}{X_{st}}=\frac{1}{\left|1-\left(\frac{\omega}{\omega_n}\right)^2\right|}=\frac{1}{\left|1-\left(\frac{157}{100}\right)^2\right|}=0.683\,\text{〔m〕}$$

2）振動数比 $\frac{\omega}{\omega_n}$ が 1 より小さい場合，強制振動応答の振幅 X_F は静たわみ X_{st} よりも常に大きくなる．このため，条件を満たさない．よって，式(5.20)より，

$$X_F=\frac{X_{st}}{\left|1-\left(\frac{\omega}{\omega_n}\right)^2\right|}<\frac{X_{st}}{10}$$

を満足する振動数比を求める．

$$\left(\frac{\omega}{\omega_n}\right)^2>11.0$$

より，

$$\omega>3.32\omega_n$$

$$\omega>3.32\sqrt{\frac{k}{m}}$$

$$\omega>3.32\sqrt{\frac{20.0\times10^3}{2.00}}$$

以上より，求める条件は以下となる．

$$\omega>332\,\text{〔rad/s〕}$$

(2) 強制変位による振動

5.2～5.4 節(1)項で示した強制外力による強制振動では，回転機械のように質点に強制的に力が加わる状態を考えた．本項では，機械が床に設置されている場合や天井から吊るされている場合に，床や天井が振動することで機械が応答する状態を考える．このような振動を強制変位による，または，変位入力による強制振動と呼ぶ．

図 5.5 のように振動系を設置している基礎部が振動する場合を考える．図中，x は絶対座標系での質点の変位であり，**絶対変位**（absolute displacement）と呼ぶ．y は基礎部を基準とした相対座標系での質点の変位であり，**相対変位**（relative displacement）と呼ぶ．z は絶対座標系での基礎部の変位を表している．

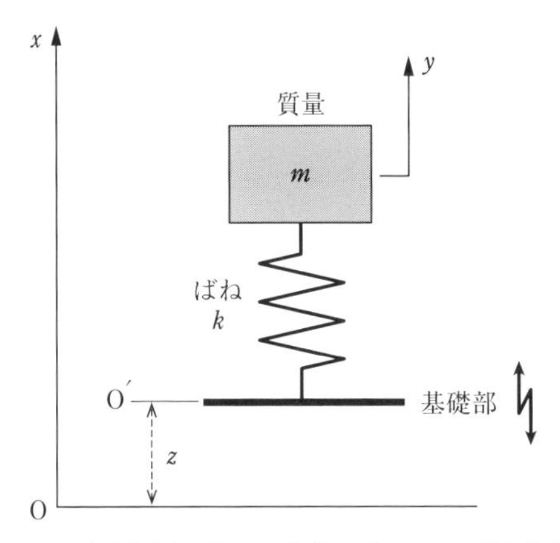

図 5.5　絶対座標系での変位入力による強制振動

絶対変位 x と相対変位 y，基礎部の変位 z の関係は，次式のようになる．

$$x = y + z \tag{5.21}$$

振動系のばねの変形量は，質点の相対座標系での変位 y に相当する．よって，ばねの変形による復元力は $-ky$ と表される．一方，慣性力は 2.2 節(5)項のように，絶対座標によるものであり，$-m\ddot{x}$ と表される．したがって，運動方程式は，次式のようになる．

$$\begin{aligned} -m\ddot{x} - ky &= 0 \\ m\ddot{x} + ky &= 0 \end{aligned} \tag{5.22}$$

式(5.22)に式(5.21)を代入して，絶対変位 x を消去すると，

$$m(\ddot{y} + \ddot{z}) + ky = 0 \tag{5.23}$$

となる．式変形すると，

$$m\ddot{y} + ky = -m\ddot{z} \tag{5.24}$$

となる．式(5.24)は，振動系が設置されている基礎部の加速度 $\ddot{z}$ による慣性力 $-m\ddot{z}$ が，強制外力として振動系に作用することを意味している．この運動方程式の考え方は，第 7 章で説明するように，地震時の構造物の振動などを考えると

きに使用されている．

いま，基礎部が $z = X_0 \cos \omega t$ で表される強制変位により振動する場合を考えると，運動方程式は，

$$m\ddot{y} + ky = m\omega^2 X_0 \cos \omega t \tag{5.25}$$

もしくは，式(5.25)の両辺を m で割り，

$$\ddot{y} + \omega_n^2 y = \omega^2 X_0 \cos \omega t \tag{5.26}$$

となる．ここで，式(5.26)の運動方程式の解を求める．式(5.2)の解と同様に，式(5.26)の解も強制振動解と自由振動解の和になるが，自由振動解は第3章で求めていることから，ここでは強制振動解を求める．式(5.26)に示した運動方程式の相対座標系での強制振動解を式(5.9)と同様に $y_s = C_1 \cos \omega t + C_2 \sin \omega t$ と仮定し，式(5.26)に代入すると，

$$(-C_1 \omega^2 \cos \omega t - C_2 \omega^2 \sin \omega t) + \omega_n^2 (C_1 \cos \omega t + C_2 \sin \omega t) = \omega^2 X_0 \cos \omega t$$

となる．さらに，式を整理して，次式を得る．

$$C_1(\omega_n^2 - \omega^2)\cos \omega t + C_2(\omega_n^2 - \omega^2)\sin \omega t = \omega^2 X_0 \cos \omega t \tag{5.27}$$

式(5.27)は，恒等式であるから，両辺の $\sin \omega t$ と $\cos \omega t$ の係数が等しくなくてはならない．したがって，

$$\left.\begin{aligned} C_1(\omega_n^2 - \omega^2) &= \omega^2 X_0 \\ C_2(\omega_n^2 - \omega^2) &= 0 \end{aligned}\right\} \tag{5.28}$$

$\omega_n \neq \omega$ であれば，

$$\left.\begin{aligned} C_1 &= \frac{\omega^2 X_0}{\omega_n^2 - \omega^2} \\ C_2 &= 0 \end{aligned}\right\} \tag{5.29}$$

となることから，相対座標系での強制振動解 y_s は，次式のようになる．

$$y_s = \frac{\omega^2 X_0}{\omega_n^2 - \omega^2}\cos \omega t \tag{5.30}$$

右辺の分母，分子を ω_n^2 で割ると，

$$y_s = \frac{\dfrac{\omega^2 X_0}{\omega_n^2}}{\dfrac{\omega_n^2 - \omega^2}{\omega_n^2}}\cos \omega t = \frac{\left(\dfrac{\omega}{\omega_n}\right)^2 X_0}{1 - \left(\dfrac{\omega}{\omega_n}\right)^2}\cos \omega t \tag{5.31}$$

となる．式(5.31)で得られる強制振動解の振幅の絶対値 $Y_D = \left|\dfrac{\left(\dfrac{\omega}{\omega_n}\right)^2 X_0}{1 - \left(\dfrac{\omega}{\omega_n}\right)^2}\right|$ と基礎部の振幅 X_0 との比を相対座標系での振幅倍率 $\dfrac{Y_D}{X_0}$ とすると次式となる．

$$\frac{Y_D}{X_0} = \frac{\left(\dfrac{\omega}{\omega_n}\right)^2}{\left|1 - \left(\dfrac{\omega}{\omega_n}\right)^2\right|} \tag{5.32}$$

式(5.32)から得られる振幅倍率と振動数比との関係を図示すると，図 5.6 のようになる．この共振曲線は，図 5.2 に示した力入力の場合の共振曲線と異なり，振動数比が小さい場合，振幅倍率がほぼゼロとなることがわかる．これは，振動

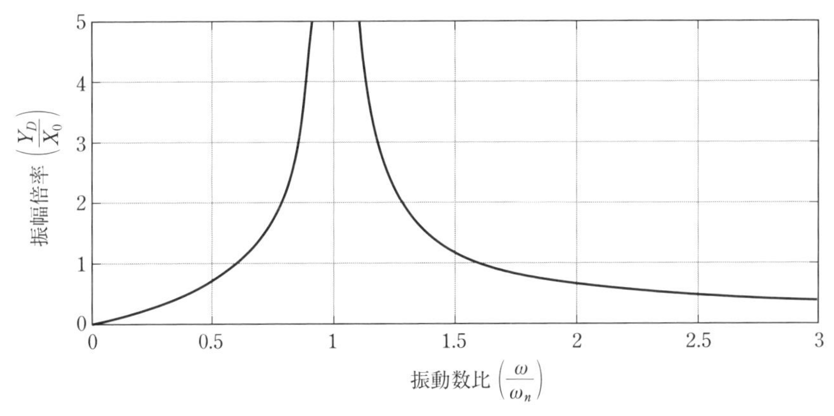

図 5.6　減衰がない振動系の振動数比と振幅倍率の関係（変位入力，相対座標系）

系の固有円振動数 ω_n に対して基礎部の円振動数 ω が十分小さい状態であり，つまり，振動系を極めてゆっくりとした振動で揺すっている状態に相当する．このとき，基礎部を基準とした相対座標系から見ると，質点は振動していないように見える．なお，位相曲線は，図 5.3 と同様になる．

さて，式(5.30)で得られた強制振動解 y_s は相対座標系である．そこで，絶対座標系での強制振動解 x_s を求めてみる．式(5.21)および式(5.30)より，

$$\begin{aligned} x_s &= y_s + z \\ &= \frac{\omega^2 X_0}{\omega_n^2 - \omega^2}\cos\omega t + X_0\cos\omega t \\ &= \left\{\frac{\omega^2 X_0}{\omega_n^2 - \omega^2} + \frac{(\omega_n^2 - \omega^2)X_0}{\omega_n^2 - \omega^2}\right\}\cos\omega t \\ &= \frac{\omega_n^2 X_0}{\omega_n^2 - \omega^2}\cos\omega t \end{aligned} \tag{5.33}$$

となり，右辺の分母，分子を ω_n^2 で割ると，

$$x_s = \frac{\dfrac{\omega_n^2 X_0}{\omega_n^2}}{\dfrac{\omega_n^2 - \omega^2}{\omega_n^2}}\cos\omega t = \frac{X_0}{1 - \left(\dfrac{\omega}{\omega_n}\right)^2}\cos\omega t \tag{5.34}$$

となる．式(5.34)で得られる強制振動解の振幅の絶対値 $X_D = \left|\dfrac{X_0}{1 - \left(\dfrac{\omega}{\omega_n}\right)^2}\right|$ と基礎部の振幅 X_0 との比を絶対座標系での振幅倍率 $\dfrac{X_D}{X_0}$ とすると次式となる．

$$\frac{X_D}{X_0} = \frac{1}{\left|1 - \left(\dfrac{\omega}{\omega_n}\right)^2\right|} \tag{5.35}$$

式(5.35)から得られる振幅倍率と振動数比との関係を図示すると，図 5.7 のようになる．この共振曲線は，振動数比 $\dfrac{\omega}{\omega_n} > 1$ では振動数比 $\dfrac{\omega}{\omega_n} = \sqrt{2}$ のときに振幅倍率が 1 となり，それ以降は 1 より小さくなる．この領域は，入力よりも応

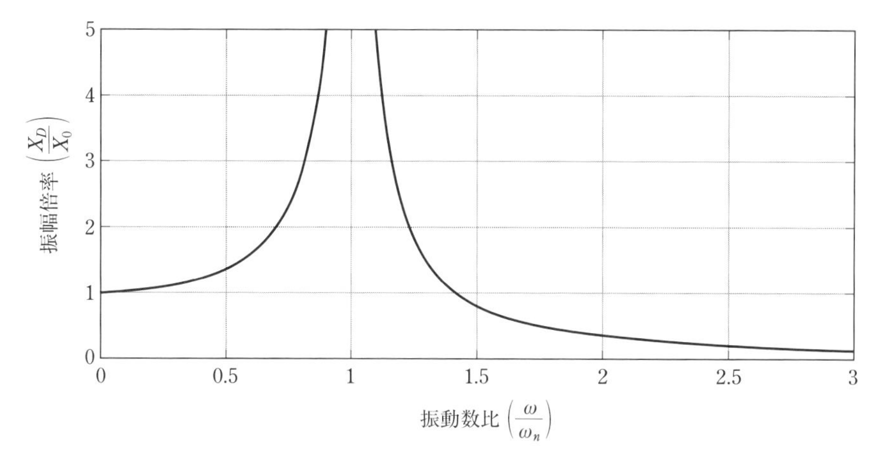

図 5.7　減衰がない振動系の振動数比と振幅倍率の関係（変位入力，絶対座標系）

答が常に小さくなることを意味する（この振動特性を活用して振動対策が可能となることを7.5節(2)項で解説する）．なお，位相曲線は図5.3と同様になる．

(3)　うなり

強制振動の応答は，共振点が近くなると，入力の振幅に変化がない状態でも応答の振幅が大きくなったり小さくなったりする**うなり**（beat）という振動現象が現れる．ここでは，うなりの応答を考える．

振動系の質点に強制外力が加わる場合の強制振動解 x_s は，式(5.17)のように求められることを先に示している．応答変位 x は，強制振動解 x_s を自由振動解 x_t と重ね合わせて，式(3.7)，(5.3)，(5.17)より，次式のようになる．

$$x = C_1 \cos \omega_n t + C_2 \sin \omega_n t + \frac{X_{st}}{1-\left(\frac{\omega}{\omega_n}\right)^2} \cos \omega t \tag{5.36}$$

C_1，C_2 は定数であり，3.3節や4.3節と同様に，初期条件から求まる．

ここで，初期条件として，$t = 0$ で $x = 0$，$\dot{x} = 0$ とすると，

$$\left.\begin{aligned} C_1 &= -\frac{X_{st}}{1-\left(\frac{\omega}{\omega_n}\right)^2} \\ C_2 &= 0 \end{aligned}\right\} \tag{5.37}$$

となる．よって，応答変位は次式となる．

$$x=\frac{X_{st}}{1-\left(\dfrac{\omega}{\omega_n}\right)^2}(\cos\omega t-\cos\omega_n t) \tag{5.38}$$

ここで，うなり現象を考えるために，強制外力の円振動数 ω が振動系の固有振動数 ω_n に近いときを仮定する．いま，$\dfrac{\Delta}{\omega_n}\ll 1$ となるような微小な円振動数を Δ とし，$\omega\equiv\omega_n-2\Delta$ とする．式(5.38)にこの関係を適用すると次式となる．

$$x=-\frac{X_{st}}{1-\left(\dfrac{\omega_n}{\omega_n}-\dfrac{2\Delta}{\omega_n}\right)^2}\{\cos(\omega_n-2\Delta)t-\cos\omega_n t\} \tag{5.39}$$

ここで，各項の計算過程を詳しく解説する．まず，式(5.39)の振幅は，Δ が微小な円振動数であるから，$\Delta^2\fallingdotseq 0$ として，

$$\begin{aligned}\frac{X_{st}}{1-\left(\dfrac{\omega_n}{\omega_n}-\dfrac{2\Delta}{\omega_n}\right)^2}&=\frac{X_{st}}{1-\left\{\left(\dfrac{\omega_n}{\omega_n}\right)^2-2\dfrac{\omega_n}{\omega_n}\cdot\dfrac{2\Delta}{\omega_n}+\left(\dfrac{2\Delta}{\omega_n}\right)^2\right\}}\\&\fallingdotseq\frac{X_{st}}{1-\left(1-\dfrac{4\Delta}{\omega_n}\right)}=\frac{\omega_n}{4\Delta}X_{st}\end{aligned} \tag{5.40}$$

と式変形できる．次に式(5.39)の｛　｝の中を展開して，加法定理を用いて整理すると，

$$\begin{aligned}&\cos(\omega_n-2\Delta)t-\cos\omega_n t\\&\quad=\cos\{(\omega_n-\Delta)-\Delta\}t-\cos\omega_n t\\&\quad=\cos(\omega_n-\Delta)t\cos\Delta t+\sin(\omega_n-\Delta)t\sin\Delta t-\cos\omega_n t\\&\quad=(\cos\omega_n t\cos\Delta t+\sin\omega_n t\sin\Delta t)\cos\Delta t+\sin(\omega_n-\Delta)t\sin\Delta t-\cos\omega_n t\\&\quad=\cos\omega_n t(\cos^2\Delta t-1)+\sin\omega_n t\sin\Delta t\cos\Delta t+\sin(\omega_n-\Delta)t\sin\Delta t\\&\quad=\cos\omega_n t(-\sin^2\Delta t)+\sin\omega_n t\sin\Delta t\cos\Delta t+\sin(\omega_n-\Delta)t\sin\Delta t\\&\quad=(-\cos\omega_n t\sin\Delta t+\sin\omega_n t\cos\Delta t)\sin\Delta t+\sin(\omega_n-\Delta)t\sin\Delta t\\&\quad=\sin(\omega_n-\Delta)t\sin\Delta t+\sin(\omega_n-\Delta)t\sin\Delta t\end{aligned}$$

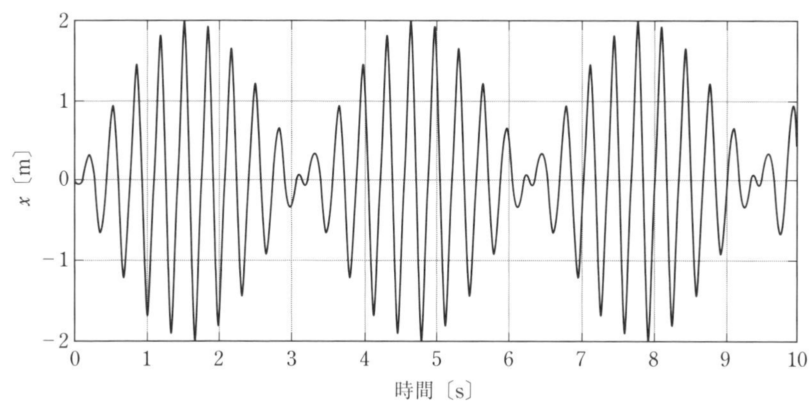

図 5.8 うなり現象の波形例

$$= 2\sin(\omega_n - \Delta)t \sin \Delta t$$

となる．よって，式(5.39)を整理すると，

$$\begin{aligned} x &\fallingdotseq X_{st}\frac{\omega_n}{4\Delta}2\sin(\omega_n - \Delta)t \cdot \sin \Delta t \\ &= X_{st}\frac{\omega_n}{2\Delta}\sin \Delta t \cdot \sin(\omega_n - \Delta)t \end{aligned} \tag{5.41}$$

となる．式(5.41)より，振動の円振動数が$(\omega_n - \Delta)$，振幅が$\sin \Delta t$でゆっくり変化する振動になることがわかる．図示すると図 5.8 のように応答波形の振幅が大きくなったり小さくなったりを繰り返す．これをうなり現象と呼び，共振点に近い振動領域で発生する．つまり，このような振動が発生するときは，共振現象が近いことを意味している．

(4) 共振時の応答

共振時の応答は，これまでの解法では求めることができない．そこで，式(5.1)の解を，

$$x = D_1 \cos \omega t + D_2 \sin \omega t \tag{5.42}$$

と仮定して，定数変化法により時間で変化する係数D_1，D_2を求める．つまり，

D_1，D_2 は時間の関数である．

まず，式(5.42)から $\dot{x}$ を求めると，

$$\dot{x} = \dot{D}_1 \cos \omega t - D_1 \omega \sin \omega t + \dot{D}_2 \sin \omega t + D_2 \omega \cos \omega t \tag{5.43}$$

となる．ここで，

$$\dot{D}_1 \cos \omega t + \dot{D}_2 \sin \omega t = 0 \tag{5.44}$$

と仮定すると，

$$\dot{x} = -\omega (D_1 \sin \omega t - D_2 \cos \omega t) \tag{5.45}$$

となる．もう一度，時間に関して微分する．

$$\begin{aligned} \ddot{x} &= -\omega(\dot{D}_1 \sin \omega t + D_1 \omega \cos \omega t - \dot{D}_2 \cos \omega t + D_2 \omega \sin \omega t) \\ &= -\omega\{(\dot{D}_1 \sin \omega t - \dot{D}_2 \cos \omega t) + D_1 \omega \cos \omega t + D_2 \omega \sin \omega t\} \\ &= -\omega(\dot{D}_1 \sin \omega t - \dot{D}_2 \cos \omega t) - \omega^2 (D_1 \cos \omega t + D_2 \sin \omega t) \end{aligned} \tag{5.46}$$

式(5.42)，(5.46)を運動方程式である式(5.1)に代入し，さらに，強制外力の円振動数 ω と振動系の固有円振動数 ω_n が一致する共振点を考えていることから $\omega = \omega_n = \sqrt{\dfrac{k}{m}}$ として整理する．

$$\begin{aligned} & m\{-\omega(\dot{D}_1 \sin \omega t - \dot{D}_2 \cos \omega t) - \omega^2 (D_1 \cos \omega t + D_2 \sin \omega t)\} \\ & \quad + k(D_1 \cos \omega t + D_2 \sin \omega t) = F_0 \cos \omega t \\ & -m\omega(\dot{D}_1 \sin \omega t - \dot{D}_2 \cos \omega t) - m\omega^2 (D_1 \cos \omega t + D_2 \sin \omega t) \\ & \quad + k(D_1 \cos \omega t + D_2 \sin \omega t) = F_0 \cos \omega t \\ & -m\omega(\dot{D}_1 \sin \omega t - \dot{D}_2 \cos \omega t) - k(D_1 \cos \omega t + D_2 \sin \omega t) \\ & \quad + k(D_1 \cos \omega t + D_2 \sin \omega t) = F_0 \cos \omega t \\ & -m\omega(\dot{D}_1 \sin \omega t - \dot{D}_2 \cos \omega t) = F_0 \cos \omega t \\ & \dot{D}_1 \sin \omega t - \dot{D}_2 \cos \omega t = -\frac{F_0}{m\omega} \cos \omega t \end{aligned}$$

$$-\dot{D}_1 \sin \omega t + \dot{D}_2 \cos \omega t = \frac{F_0}{m\omega} \cos \omega t \tag{5.47}$$

式(5.44)の両辺に $\sin \omega t$ をかけ，式(5.47)の両辺に $\cos \omega t$ をかけると，

$$\left.\begin{aligned} \dot{D}_1 \cos \omega t \cdot \sin \omega t + \dot{D}_2 \sin^2 \omega t = 0 \\ -\dot{D}_1 \cos \omega t \cdot \sin \omega t + \dot{D}_2 \cos^2 \omega t = \frac{F_0}{m\omega} \cos^2 \omega t \end{aligned}\right\} \tag{5.48}$$

となる．よって，これを連立方程式として $\dot{D}_1$，$\dot{D}_2$ について解けば，

$$\left.\begin{aligned} \dot{D}_1 = -\frac{F_0}{m\omega} \cos \omega t \cdot \sin \omega t = -\frac{F_0}{2m\omega} \sin 2\omega t \\ \dot{D}_2 = \frac{F_0}{m\omega} \cos^2 \omega t = \frac{F_0}{2m\omega}(1+\cos 2\omega t) \end{aligned}\right\} \tag{5.49}$$

となる．式(5.49)を時間 t に関して積分する．

$$\left.\begin{aligned} D_1 = \frac{F_0}{4m\omega^2} \cos 2\omega t + A = \frac{F_0}{4k} \cos 2\omega t + A \\ D_2 = \frac{F_0}{2m\omega} t + \frac{F_0}{4k} \sin 2\omega t + B \end{aligned}\right\} \tag{5.50}$$

ここで，A と B は積分定数である．以上より，係数 D_1，D_2 が求まった．

最後に，式(5.50)を式(5.42)に代入し，式(5.42)から D_1，D_2 を消去する．$\omega = \omega_n = \sqrt{\dfrac{k}{m}}$ であることに注意して整理すれば，共振時の応答変位 x は次式のようになる．

$$x = \left(\frac{F_0}{4k}\cos 2\omega_n t + A\right)\cos \omega_n t + \left(\frac{F_0}{2m\omega_n}t + \frac{F_0}{4k}\sin 2\omega_n t + B\right)\sin \omega_n t$$

$$= \frac{F_0}{4k}\cos 2\omega_n t \cdot \cos \omega_n t + A \cos \omega_n t$$

$$+ \frac{F_0}{2m\sqrt{k/m}}t \cdot \sin \omega_n t + \frac{F_0}{4k}\sin 2\omega_n t \cdot \sin \omega_n t + B \cdot \sin \omega_n t$$

$$= \frac{F_0}{4k}\left(1 - 2\sin^2 \omega_n t\right)\cos \omega_n t + A \cos \omega_n t$$

$$+ \frac{F_0}{2\sqrt{mk}}t \cdot \sin \omega_n t + \frac{F_0}{4k} \cdot 2\sin^2 \omega_n t \cdot \cos \omega_n t + B \cdot \sin \omega_n t$$

$$= \left(A + \frac{F_0}{4k}\right)\cos \omega_n t + \frac{F_0}{2\sqrt{mk}}t \cdot \sin \omega_n t + B \cdot \sin \omega_n t \qquad (5.51)$$

積分定数 A と B は，初期条件より求められる．たとえば，$t = 0$ で $x = \dot{x} = 0$ とすると次式となる．

$$x = \frac{F_0}{2\sqrt{mk}}t \cdot \sin \omega_n t = \frac{F_0}{2\sqrt{mk}} \cdot t \cdot \cos\left(\omega_n t - \frac{\pi}{2}\right) \qquad (5.52)$$

よって，式(5.52)は時間 t に比例して振動が大きくなり，強制外力 $F_0 \cos \omega t$ に対して $\frac{\pi}{2}$〔rad〕= 90° 位相が遅れることがわかる．この関係を図 5.9 に示す．

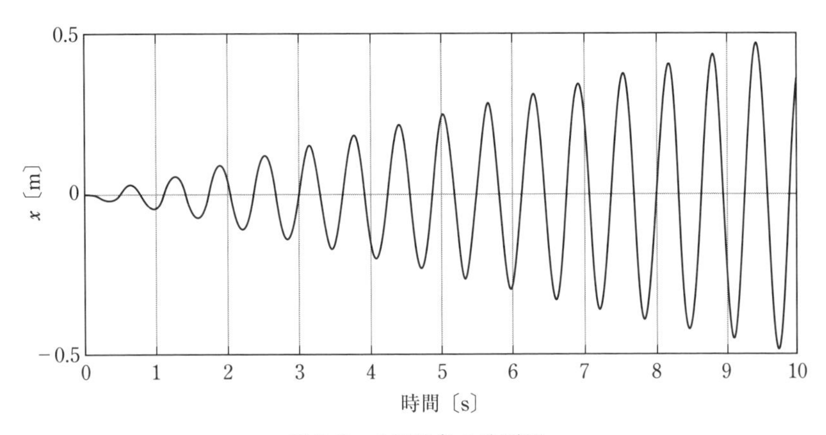

図 5.9　共振現象の波形例

例題 5.2

質点の質量 $m = 2.00$〔kg〕，ばね定数 $k = 800$〔N/m〕の静止している一自由度系に $\cos 20t$ の強制外力が作用する．3 秒後の変位を求めよ．

解答　固有円振動数 ω_n を求めると，

$$\omega_n = \sqrt{\frac{k}{m}} = \sqrt{\frac{800}{2.00}} = 20.0\ \text{〔rad/s〕}$$

となり，$\cos 20t$ より $\omega = 20.0$ である．つまり，共振時の応答を求めることとなる．振動系は，静止状態から運動を始めるため，初期条件は $t = 0$ で $x = \dot{x} = 0$ となる．よって，式(5.52)より，

$$x = \frac{F_0}{2\sqrt{mk}} t \cdot \sin \omega_n t = \frac{1}{2\sqrt{2.00 \times 800}} \cdot 3 \cdot \sin(20 \times 3)$$
$$= -0.0114\ \text{〔m〕}$$

5-5 まとめ

本章では，減衰のない一自由度系の強制振動についてまとめた．強制振動では，入力の振動数（円振動数）と振動系の固有振動数（固有円振動数）の関係が重要であり，特にそれらが一致するときに振動系で生じる共振現象については，よく理解しておく必要がある．また，位相関係についてもしっかり把握しておくとよい．

強制外力 $F_0 \cos \omega t$ と強制振動応答変位 x_s の関係は，次のようになる．

$\dfrac{\omega}{\omega_n} < 1$ のとき：強制振動応答変位は，時間的に $\cos \omega t$ として変動する
　→　強制外力と同位相

$\dfrac{\omega}{\omega_n} = 1$ のとき：強制振動応答変位は，無限大となる
　→　共振

$\dfrac{\omega}{\omega_n} > 1$ のとき：強制振動応答変位は，$\cos(\omega t - \pi)$ として変動する
　→　強制外力と逆位相

第6章 減衰のある一自由度系の強制振動

本章の目的

- 減衰のある一自由度系の強制振動について，運動方程式を理解する．
- 減衰のある一自由度系の強制振動について，運動方程式を立式できる．
- 減衰のある一自由度系の強制振動について，強制振動応答を求められる．
- 共振の意味を理解する．
- 過渡応答の意味を理解する．
- さまざまな減衰のある場合の強制振動応答を理解する．

6-1 減衰のある強制振動とは

第4章に示したとおり，減衰を考慮することで，実際の現象により近い振動を扱うことができる．本章では，最も一般的に扱われている粘性減衰のある振動系の強制振動について説明する．まず，減衰のある一自由度系の強制振動の運動方程式を立式し，強制振動での応答を理解する．次に，減衰のある強制振動での共振を考える．なお，減衰のない場合と同様に，質点に直接強制外力が働く場合と振動系の支持部から強制変位が働く場合について考える．

6-2 運動方程式

図6.1のように，振動系の外部から強制外力 $F_0 \cos \omega t$ が振動系の質点に作用する場合を考える．

振動系には減衰のない強制振動で考えた慣性力 $-m\ddot{x}$，ばね定数 k のばね要素による復元力 $-kx$，質点に作用する強制外力 $F_0 \cos \omega t$ のほか，減衰係数 c の減衰による減衰力 $-c\dot{x}$ が働く．したがって，運動方程式は，次式のようになる．

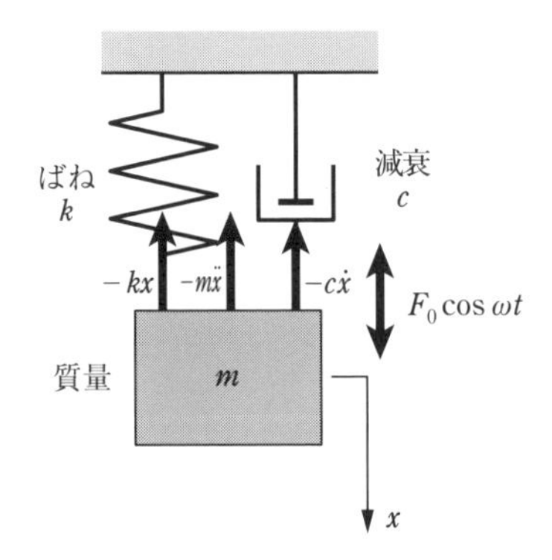

図 6.1　減衰のある強制振動（力入力）

$$慣性力+減衰力+復元力+外力 = 0$$

$$-m\ddot{x}-c\dot{x}-kx+F_0\cos\omega t = 0$$

$$m\ddot{x}+c\dot{x}+kx = F_0\cos\omega t \tag{6.1}$$

式(6.1)を**減衰のある一自由度系の強制外力による強制振動の運動方程式**という．

6-3 運動方程式の解

式(6.1)の運動方程式から振動系の応答を求める．両辺を m で割って，整理すると，

$$\ddot{x}+2\zeta\omega_n\dot{x}+\omega_n^2x = \frac{F_0}{m}\cos\omega t \tag{6.2}$$

となる．式(6.2)の解 x は，第5章で示したように，式の右辺をゼロとおいた式(4.5)の自由振動解 x_t と強制振動解 x_s の重ね合わせとなるから，次式のように表すことができる．

$$x = x_t+x_s \tag{6.3}$$

減衰のある自由振動の応答は時間とともに収束し，時間が十分経過すれば自由

振動解 x_t はゼロになる．そのため，ここでは，強制振動解 x_s を求める．

メモ：自由振動応答と強制振動応答

自由振動応答と強制振動応答の関係を車の振動を例として考えてみる．

強制振動の例として，図 6.2 のように凹凸のある地面を一自由度系でモデル化した車が走行するときの車の応答を考える．

図 6.3(a) は地面の凹凸，図 (b) は車の応答変位 x，図 (c) は車の自由振動応答変位 x_t，図 (d) は車の強制振動応答変位 x_s の時刻歴波形である．2 秒間平坦な道を走行後に凹凸のある路面を走行すると図 (c) が示すように約 5 秒付近まで自由振動が継続する．これにより，図 (b) に示されるように，車の応答変位に細かな振動が現れる．これが過渡応答である．しかしながら，図 (c) が示すように自由振動は減衰してしまうことから，約 5 秒後以降図 (b) と図 (d) の応答は，同じ波形になる．つまり，定常応答として強制振動応答のみが残ったことになる．

一般に，機械構造物は，定常状態で動いているものが多いため定常応答について理解することで十分と考えられる．しかしながら，機械構造物の起動時や停止時などには，図 (b) が示すように定常応答よりも大きな応答が発生する可能性があることに注意が必要である．

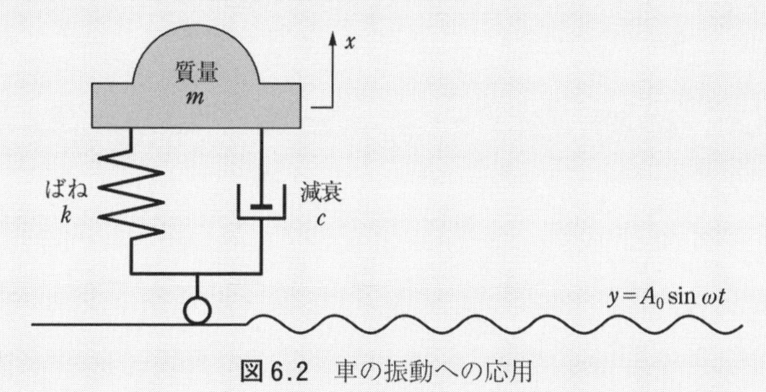

図 6.2　車の振動への応用

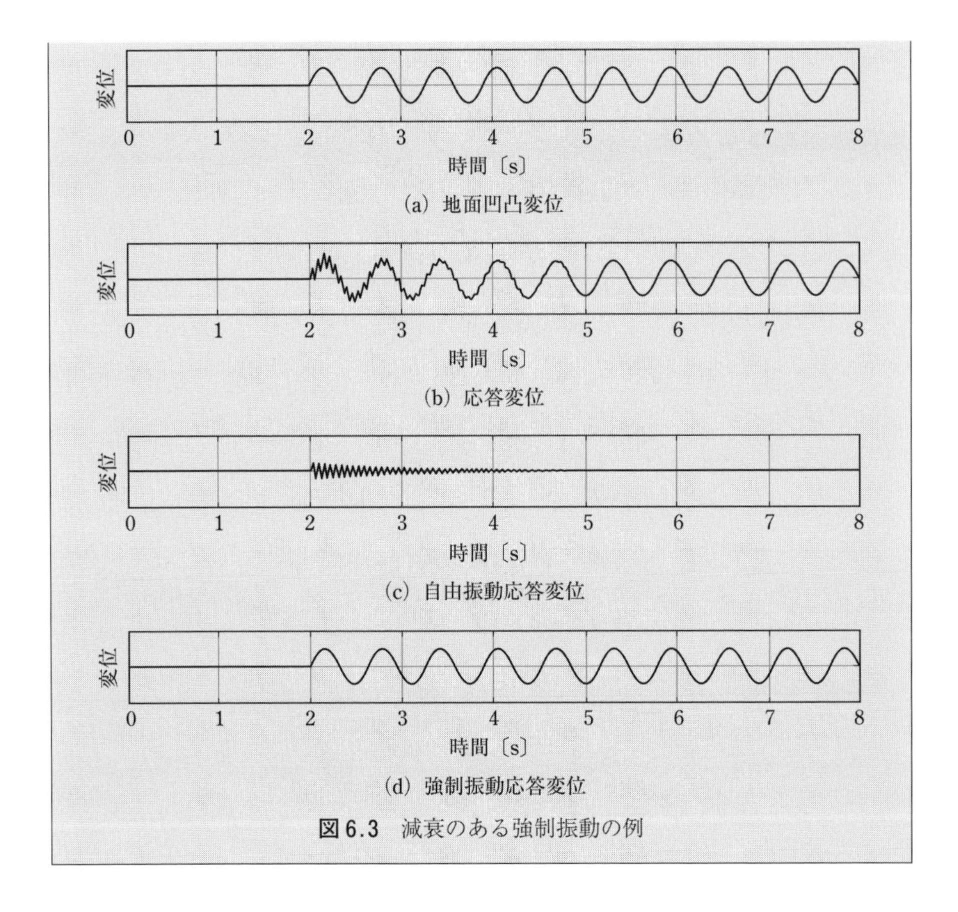

図 6.3 減衰のある強制振動の例

第5章と同様に式(6.2)に示す運動方程式の解，つまり応答を求める．C_1，C_2 を定数として，強制振動解を，

$$x_s = C_1 \cos \omega t + C_2 \sin \omega t \tag{6.4}$$

とすると，速度，加速度は，変位を時間で微分し，

$$\begin{aligned} \dot{x}_s &= -C_1\omega \sin \omega t + C_2\omega \cos \omega t \\ \ddot{x}_s &= -C_1\omega^2 \cos \omega t - C_2\omega^2 \sin \omega t \end{aligned} \tag{6.5}$$

となり，式(6.2)に代入すると，

$$(-C_1\omega^2\cos\omega t - C_2\omega^2\sin\omega t) + 2\zeta\omega_n(-C_1\omega\sin\omega t + C_2\omega\cos\omega t)$$
$$+\omega_n^2(C_1\cos\omega t + C_2\sin\omega t) = \frac{F_0}{m}\cos\omega t \tag{6.6}$$

を得る．さらに整理すると次式となる．

$$\{(\omega_n^2-\omega^2)C_1 + 2\zeta\omega_n\omega C_2\}\cos\omega t$$
$$+\{-2\zeta\omega_n\omega C_1 + (\omega_n^2-\omega^2)C_2\}\sin\omega t = \frac{F_0}{m}\cos\omega t \tag{6.7}$$

式(6.7)は，恒等式であるから，両辺の $\sin\omega t$ と $\cos\omega t$ の係数が等しくなくてはならない．したがって，式(6.8)が成り立つ．

$$\left.\begin{aligned}(\omega_n^2-\omega^2)C_1 + 2\zeta\omega_n\omega C_2 &= \frac{F_0}{m}\\ -2\zeta\omega_n\omega C_1 + (\omega_n^2-\omega^2)C_2 &= 0\end{aligned}\right\} \tag{6.8}$$

$\omega_n \neq \omega$ であれば，式(6.8)の下段式より，

$$C_2 = \frac{2\zeta\omega_n\omega}{\omega_n^2-\omega^2}C_1 \tag{6.9}$$

となる．また，これを式(6.8)の上段式に代入すると，

$$(\omega_n^2-\omega^2)C_1 + 2\zeta\omega_n\omega\left(\frac{2\zeta\omega_n\omega}{\omega_n^2-\omega^2}\right)C_1 = \frac{F_0}{m} \tag{6.10}$$

となり，左辺を式変形すると，

$$\begin{aligned}&(\omega_n^2-\omega^2)C_1 + 2\zeta\omega_n\omega\left(\frac{2\zeta\omega_n\omega}{\omega_n^2-\omega^2}\right)C_1\\ &= \left\{(\omega_n^2-\omega^2) + \frac{(2\zeta\omega_n\omega)^2}{(\omega_n^2-\omega^2)}\right\}C_1\\ &= \left\{\frac{(\omega_n^2-\omega^2)^2 + (2\zeta\omega_n\omega)^2}{(\omega_n^2-\omega^2)}\right\}C_1\end{aligned} \tag{6.11}$$

となる．式(6.11)を式(6.10)に代入すると C_1 が，さらにその C_1 を式(6.9)に代

入すると C_2 が次式のとおり求まる.

$$\left.\begin{aligned} C_1 &= \frac{(\omega_n^2-\omega^2)}{(\omega_n^2-\omega^2)^2+(2\zeta\omega_n\omega)^2}\cdot\frac{F_0}{m} \\ C_2 &= \frac{2\zeta\omega_n\omega}{(\omega_n^2-\omega^2)^2+(2\zeta\omega_n\omega)^2}\cdot\frac{F_0}{m} \end{aligned}\right\} \tag{6.12}$$

次に，3.3 節の「復習：三角関数の合成」を参考に，

$$\cos\phi = \frac{C_1}{\sqrt{C_1^2+C_2^2}},\ \sin\phi = \frac{C_2}{\sqrt{C_1^2+C_2^2}},\ X_F = \sqrt{C_1^2+C_2^2}$$

として，式(6.4)に代入すると，次式となる.

$$\begin{aligned} x_s &= C_1\cos\omega t + C_2\sin\omega t \\ &= \sqrt{C_1^2+C_2^2}\left(\frac{C_1}{\sqrt{C_1^2+C_2^2}}\cos\omega t + \frac{C_2}{\sqrt{C_1^2+C_2^2}}\sin\omega t\right) \\ &= \sqrt{C_1^2+C_2^2}(\cos\phi\cos\omega t + \sin\phi\sin\omega t) \\ &= \sqrt{C_1^2+C_2^2}\cos(\omega t-\phi) \\ &= X_F\cos(\omega t-\phi) \end{aligned} \tag{6.13}$$

ただし，$\phi = \tan^{-1}\dfrac{C_2}{C_1}$ である．ここで，X_F は応答振幅を表し，式(6.14)となる．応答振幅は，定常応答の変位の最大値である.

$$\begin{aligned} X_F &= \sqrt{C_1^2+C_2^2} \\ &= \sqrt{\left\{\frac{(\omega_n^2-\omega^2)^2+(2\zeta\omega_n\omega)^2}{\{(\omega_n^2-\omega^2)^2+(2\zeta\omega_n\omega)^2\}^2}\right\}\left(\frac{F_0}{m}\right)^2} \\ &= \frac{1}{\sqrt{(\omega_n^2-\omega^2)^2+(2\zeta\omega_n\omega)^2}}\cdot\frac{F_0}{m} \end{aligned} \tag{6.14}$$

また，位相角 ϕ は次式となる.

$$\phi = \tan^{-1}\frac{C_2}{C_1} = \tan^{-1}\left(\frac{2\zeta\omega_n\omega}{\omega_n^2-\omega^2}\right) \tag{6.15}$$

以上より，式(6.14)を式(6.13)に代入すれば，強制振動解 x_s は次式のように

なる.

$$x_s = \frac{1}{\sqrt{(\omega_n^2 - \omega^2)^2 + (2\zeta\omega_n\omega)^2}} \cdot \frac{F_0}{m}\cos(\omega t - \phi) \tag{6.16}$$

6-4 減衰のある強制振動のポイント

(1) 共振

ここでは，式(6.16)で導出された強制振動解 x_s から共振曲線を求める．静たわみを $X_{st} = \frac{F_0}{k}$ として，式(6.14)の両辺を X_{st} で割ると振幅倍率 $\frac{X_F}{X_{st}}$ が求まる．

$$\frac{X_F}{X_{st}} = \frac{1}{\sqrt{(\omega_n^2 - \omega^2)^2 + (2\zeta\omega_n\omega)^2}} \cdot \frac{\frac{F_0}{m}}{\frac{F_0}{k}} = \frac{1}{\sqrt{(\omega_n^2 - \omega^2)^2 + (2\zeta\omega_n\omega)^2}} \cdot \frac{k}{m}$$

$$= \frac{1}{\sqrt{(\omega_n^2 - \omega^2)^2 + (2\zeta\omega_n\omega)^2}} \cdot \omega_n^2 = \frac{1}{\sqrt{\frac{(\omega_n^2 - \omega^2)^2 + (2\zeta\omega_n\omega)^2}{\omega_n^4}}} \cdot \frac{\omega_n^2}{\omega_n^2}$$

$$= \frac{1}{\sqrt{\left\{1 - \left(\frac{\omega}{\omega_n}\right)^2\right\}^2 + \left(2\zeta\frac{\omega}{\omega_n}\right)^2}} \tag{6.17}$$

また，位相角 ϕ は，式(6.15)のカッコ内の分母分子を ω_n^2 で割り，式(6.17)と同様に振動数比の形で表せば，次式となる．

$$\phi = \tan^{-1}\left\{\frac{2\zeta\left(\frac{\omega}{\omega_n}\right)}{1 - \left(\frac{\omega}{\omega_n}\right)^2}\right\} \tag{6.18}$$

式(6.17)について振幅倍率 $\frac{X_F}{X_{st}}$ と振動数比 $\frac{\omega}{\omega_n}$ の関係を図示すると，図6.4のようになる．この図から，減衰のある振動系の応答を確認できる．円振動数比

$\frac{\omega}{\omega_n}$ が1に近くなるにつれて振幅倍率が大きくなるが，減衰比 ξ が大きいとそのピークは小さくなる．また，減衰比 ξ が大きくなるにつれてピークが左に移動する．つまり，振幅倍率が最大となる振動数である**共振振動数** ω_r は小さくなる．これは，式(6.42)で述べるように，$\omega_r = \omega_n\sqrt{1-2\zeta^2}$ となるからである．ここで，減衰固有円振動数 ω_d は式(4.17)のとおり，$\omega_d = \omega_n\sqrt{1-\zeta^2}$ であり，共振

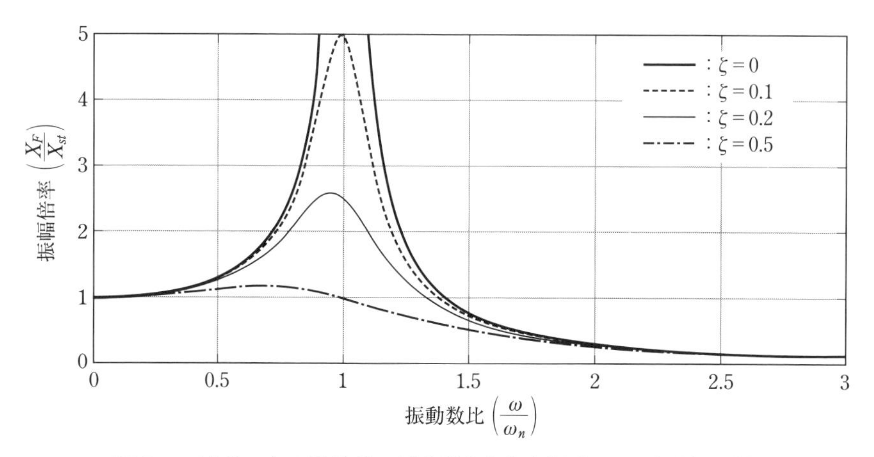

図 6.4　減衰のある振動系の振動数比と振幅倍率の関係（力入力）

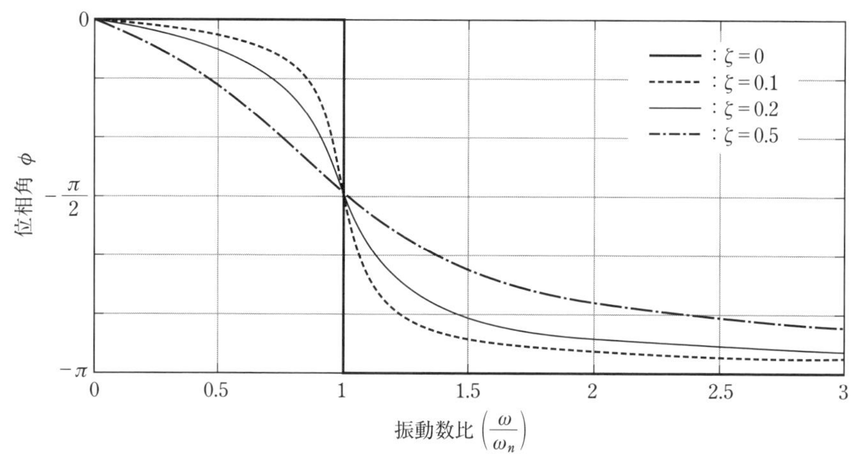

図 6.5　減衰のある振動系の振動数比と位相角の関係（力入力）

振動数 ω_r と異なることに注意が必要である．身のまわりの振動系では，一般に減衰が小さいため基本的には $\omega_n \fallingdotseq \omega_d \fallingdotseq \omega_r$ と考えて差し支えないが，減衰が大きい場合には注意が必要になる．

次に，式(6.18)について，位相角 ϕ と振動数比 $\dfrac{\omega}{\omega_n}$ の関係を図示すると，図6.5のようになる．この図の傾向は図5.3と同様であるが，減衰のある振動系では，減衰比が大きくなるにつれて同位相から逆位相への変化が緩くなることがわかる．

例題 6.1

質点の質量 $m = 10.0$〔kg〕，ばね定数 $k = 40.0$〔kN/m〕，減衰係数 $c = 15.0$〔Ns/m〕からなる減衰のある一自由度系に振幅 100〔N〕，振動数 10.0〔Hz〕の強制外力が作用する．振幅倍率と位相角を求めよ．

解答 式(6.17)，および，式(6.18)で必要となる諸定数を求める．

固有円振動数

$$\omega_n = \sqrt{\frac{k}{m}} = \sqrt{\frac{40.0 \times 10^3}{10.0}} = 63.2 \text{〔rad/s〕}$$

外力の円振動数

$$\omega = 2\pi f = 2\pi \times 10.0 = 62.8 \text{〔rad/s〕}$$

減衰比

$$\zeta = \frac{c}{2\sqrt{mk}} = \frac{15.0}{2\sqrt{10.0 \times 40.0 \times 10^3}} = 0.0119$$

よって，振幅倍率は，

$$\frac{X_F}{X_{st}} = \frac{1}{\sqrt{\left\{1-\left(\dfrac{\omega}{\omega_n}\right)^2\right\}^2 + \left(2\zeta\dfrac{\omega}{\omega_n}\right)^2}}$$

$$= \frac{1}{\sqrt{\left\{1-\left(\dfrac{62.8}{63.2}\right)^2\right\}^2 + \left(2 \times 0.0119 \times \dfrac{62.8}{63.2}\right)^2}} = 37.3$$

位相角は，

$$\phi = \tan^{-1}\left\{\frac{2\times 0.0119\times \dfrac{62.8}{63.2}}{1-\left(\dfrac{62.8}{63.2}\right)^2}\right\} = 1.08 \text{〔rad〕}$$

なお，位相角を求める場合は，「分母」と「分子」の符号に注意する．たとえば，分母が「マイナス」で分子が「プラス」であれば第二象限の位相角になる．

(2) 強制変位による振動

図 6.6 のように振動系を設置している基礎部が振動する場合を考える．

図中，x は絶対座標系での質点の変位，y は基礎部からの質点の相対座標系での変位，z は絶対座標系での基礎部の変位を表している．質点の変位を絶対座標系の原点から見た場合，第 5 章と同様に次式のような関係になる．

$$x = y + z$$

基礎部と質点との間のばねに加わる変位は相対変位 y になり，ばねの変形による復元力は $-ky$ と表される．次に，基礎部と質点との間の減衰に加わる速度は相対速度 $\dot{y}$ になり，減衰の相対速度による減衰力は $-c\dot{y}$ と表される．一方，慣性力は 2.2 節(5)項のように，絶対座標系で $-m\ddot{x}$ と表される．

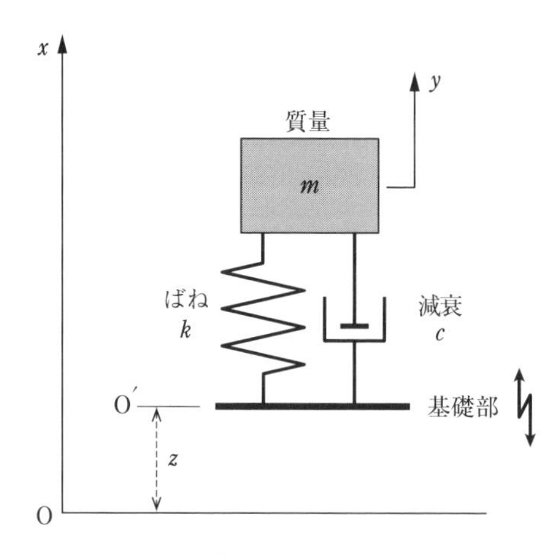

図 6.6 絶対座標系での変位入力による強制振動

したがって，運動方程式は，次式のようになる．

$$
\begin{aligned}
-m\ddot{x}-c\dot{y}-ky &= 0 \\
m\ddot{x}+c\dot{y}+ky &= 0
\end{aligned}
\tag{6.19}
$$

式(6.19)は絶対座標系と相対座標系が混在している．相対座標系の運動方程式にする場合は，5.4 節(2)項と同様に絶対変位 x を消去し，次式のようになる．

$$m(\ddot{y}+\ddot{z})+c\dot{y}+ky = 0 \tag{6.20}$$

式変形すると，相対座標系の運動方程式を得ることができる．

$$m\ddot{y}+c\dot{y}+ky = -m\ddot{z} \tag{6.21}$$

式(6.21)は，振動系が設置されている基礎部の加速度 $\ddot{z}$ による慣性力 $-m\ddot{z}$ が強制外力として振動系に作用することを意味している．この運動方程式の考え方は，第 7 章で説明するように，地震による構造物の振動などを考えるときに使用されている．

次に，絶対座標系での運動方程式の解を求める．式(6.19)の相対変位 y を消去して整理すると，絶対座標系の運動方程式は次式になる．

$$m\ddot{x}+c(\dot{x}-\dot{z})+k(x-z) = 0 \tag{6.22}$$

さらに整理すると次式となる．

$$m\ddot{x}+c\dot{x}+kx = c\dot{z}+kz \tag{6.23}$$

ここで，基礎部が $z = X_0 \cos\omega t$ で表される強制変位により振動する場合を考える．基礎部の速度は，$\dot{z} = -\omega X_0 \sin\omega t$ となり，式(6.23)に代入すると，次式を得る．

$$m\ddot{x}+c\dot{x}+kx = -c\omega X_0 \sin\omega t+kX_0 \cos\omega t \tag{6.24}$$

また，式(6.24)の両辺を m で割って，整理すると，次式となる．

$$\ddot{x}+2\zeta\omega_n\dot{x}+\omega_n^2 x = -2\zeta\omega_n\omega X_0 \sin\omega t+\omega_n^2 X_0 \cos\omega t \tag{6.25}$$

式(6.25)の解も6.3節で示したように強制振動応答と自由振動応答の和となる．6.3節の「メモ：自由振動応答と強制振動応答」に示したとおり，一定時間経過後は，強制振動応答のみが残ることから，ここでは，強制振動解 x_s を求める．

強制振動解 x_s を式(6.4)のように仮定し，式(6.25)の運動方程式に代入すると，

$$\begin{aligned}&(-C_1\omega^2\cos\omega t-C_2\omega^2\sin\omega t)+2\zeta\omega_n(-C_1\omega\sin\omega t+C_2\omega\cos\omega t)\\&\quad+\omega_n^2(C_1\cos\omega t+C_2\sin\omega t)=-2\zeta\omega_n\omega X_0\sin\omega t+\omega_n^2X_0\cos\omega t\end{aligned}\tag{6.26}$$

となり，式を整理して，次式となる．

$$\begin{aligned}&\{(\omega_n^2-\omega^2)C_1+2\zeta\omega_n\omega C_2\}\cos\omega t+\{-2\zeta\omega_n\omega C_1+(\omega_n^2-\omega^2)C_2\}\sin\omega t\\&\quad=-2\zeta\omega_n\omega X_0\sin\omega t+\omega_n^2X_0\cos\omega t\end{aligned}\tag{6.27}$$

式(6.21)は，恒等式であるから，両辺の $\sin\omega t$ と $\cos\omega t$ の係数が等しくなくてはならない．したがって，次の関係式を得る．

$$\left.\begin{aligned}&(\omega_n^2-\omega^2)C_1+2\zeta\omega_n\omega C_2=\omega_n^2X_0\\&-2\zeta\omega_n\omega C_1+(\omega_n^2-\omega^2)C_2=-2\zeta\omega_n\omega X_0\end{aligned}\right\}\tag{6.28}$$

式(6.28)の連立方程式を解くと，上段式より，

$$C_1=\frac{\omega_n^2X_0-2\zeta\omega_n\omega C_2}{\omega_n^2-\omega^2}\tag{6.29}$$

となり，これを式(6.28)の下段式に代入すると，

$$\begin{aligned}&-2\zeta\omega_n\omega\frac{\omega_n^2X_0-2\zeta\omega_n\omega C_2}{\omega_n^2-\omega^2}+(\omega_n^2-\omega^2)C_2=-2\zeta\omega_n\omega X_0\\&-2\zeta\omega_n\omega\cdot\omega_n^2X_0+(2\zeta\omega_n\omega)^2C_2+(\omega_n^2-\omega^2)^2C_2=-2\zeta\omega_n\omega(\omega_n^2-\omega^2)X_0\\&\{(\omega_n^2-\omega^2)^2+(2\zeta\omega_n\omega)^2\}C_2=2\zeta\omega_n^3\omega X_0-2\zeta\omega_n^3\omega X_0+2\zeta\omega_n\omega^3X_0\\&\{(\omega_n^2-\omega^2)^2+(2\zeta\omega_n\omega)^2\}C_2=2\zeta\omega_n\omega^3X_0\\&C_2=\frac{2\zeta\omega_n\omega^3}{(\omega_n^2-\omega^2)^2+(2\zeta\omega_n\omega)^2}X_0\end{aligned}\tag{6.30}$$

となる．よって，これを式(6.29)に代入すれば，

$$
\begin{aligned}
C_1 &= \frac{\omega_n^2 X_0 - 2\zeta\omega_n\omega C_2}{\omega_n^2 - \omega^2} \\
&= \frac{\omega_n^2 X_0}{\omega_n^2 - \omega^2} - \frac{2\zeta\omega_n\omega}{\omega_n^2 - \omega^2} \cdot \frac{2\zeta\omega_n\omega^3}{(\omega_n^2 - \omega^2)^2 + (2\zeta\omega_n\omega)^2} X_0 \\
&= \frac{\omega_n^2 X_0\{(\omega_n^2 - \omega^2)^2 + (2\zeta\omega_n\omega)^2\} - (2\zeta\omega_n\omega)^2\omega^2 X_0}{(\omega_n^2 - \omega^2)\{(\omega_n^2 - \omega^2)^2 + (2\zeta\omega_n\omega)^2\}} \\
&= \frac{(\omega_n^2 - \omega^2)\{(\omega_n^2 - \omega^2)\omega_n^2 + (2\zeta\omega_n\omega)^2\} X_0}{(\omega_n^2 - \omega^2)\{(\omega_n^2 - \omega^2)^2 + (2\zeta\omega_n\omega)^2\}} \\
&= \frac{(\omega_n^2 - \omega^2)\omega_n^2 + (2\zeta\omega_n\omega)^2}{(\omega_n^2 - \omega^2)^2 + (2\zeta\omega_n\omega)^2} X_0
\end{aligned}
\tag{6.31}
$$

となる．ここで，3.3 節の「復習：三角関数の合成」を参考に，$\cos\phi = \dfrac{C_1}{\sqrt{C_1^2 + C_2^2}}$，$\sin\phi = \dfrac{C_2}{\sqrt{C_1^2 + C_2^2}}$，$X_D = \sqrt{C_1^2 + C_2^2}$ とすると，式(6.13)より，

$$
x_s = X_D \cos(\omega t - \phi) \tag{6.32}
$$

ただし，$\phi = \tan^{-1}\dfrac{C_2}{C_1}$ となる．なお，

$$
X_D = \frac{\sqrt{(2\zeta\omega_n\omega^3)^2 + \{(\omega_n^2 - \omega^2)\omega_n^2 + (2\zeta\omega_n\omega)^2\}^2}}{(\omega_n^2 - \omega^2)^2 + (2\zeta\omega_n\omega)^2} X_0 \tag{6.33}
$$

$$
\phi = \tan^{-1}\left\{\frac{2\zeta\omega_n\omega^3}{(\omega_n^2 - \omega^2)\omega_n^2 + (2\zeta\omega_n\omega)^2}\right\} \tag{6.34}
$$

となり，式(6.33)の根号内を整理し，振幅倍率 $\dfrac{X_D}{X_0}$ として表すと次式を得る．

$$\frac{X_D}{X_0}=\sqrt{\frac{\omega_n^4+(2\zeta\omega_n\omega)^2}{(\omega_n^2-\omega^2)^2+(2\zeta\omega_n\omega)^2}}$$

$$=\sqrt{\frac{1+\left(2\zeta\frac{\omega}{\omega_n}\right)^2}{\left\{1-\left(\frac{\omega}{\omega_n}\right)^2\right\}^2+\left(2\zeta\frac{\omega}{\omega_n}\right)^2}} \tag{6.35}$$

また，位相角 ϕ は，次式となる．

$$\phi=\tan^{-1}\left\{\frac{2\zeta\left(\frac{\omega}{\omega_n}\right)^3}{1-\left(\frac{\omega}{\omega_n}\right)^2+\left(2\zeta\frac{\omega}{\omega_n}\right)^2}\right\} \tag{6.36}$$

以上より，式(6.35)を式(6.32)に代入すれば，強制振動解 x_s は，次式となる．

$$x_s=\sqrt{\frac{1+\left(2\zeta\frac{\omega}{\omega_n}\right)^2}{\left\{1-\left(\frac{\omega}{\omega_n}\right)^2\right\}^2+\left(2\zeta\frac{\omega}{\omega_n}\right)^2}}X_0\cos(\omega t-\phi) \tag{6.37}$$

式(6.35)から得られる共振曲線を図 6.7 に示す．振動数比 $\frac{\omega}{\omega_n}>1$ では振動

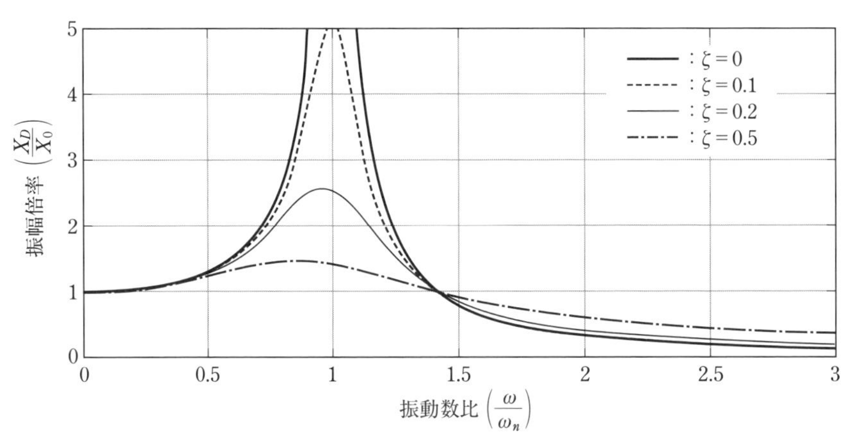

図 6.7　減衰のある振動系の振動数比と振幅倍率の関係（変位入力）

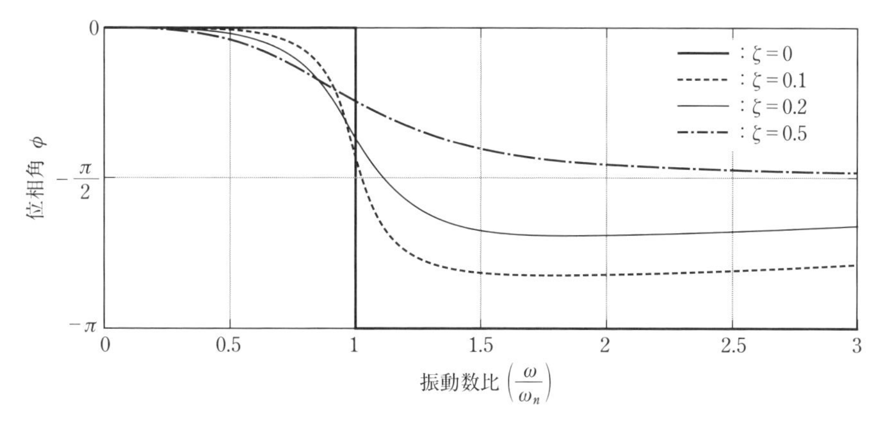

図 6.8　減衰のある振動系の振動数比と位相角の関係（変位入力）

系の減衰比によらず，振動数比 $\frac{\omega}{\omega_n} = \sqrt{2}$ のときに振幅倍率が 1 となる．振動数比 $\frac{\omega}{\omega_n}$ が $\sqrt{2}$ よりも大きな領域では，振幅倍率は 1 より小さくなる．また，その領域では減衰比が小さいほど振幅倍率は小さくなる．なお，位相曲線は図 6.8 となる．

例題 6.2

質点の質量 $m = 10.0$〔kg〕，ばね定数 $k = 40.0$〔kN/m〕，減衰係数 $c = 15.0$〔Ns/m〕からなる減衰のある一自由度系の基礎部に振幅 0.01〔m〕，振動数 10.0〔Hz〕の強制変位が作用する．振幅倍率と位相角を求めよ．

解答　式(6.35)および式(6.36)で必要となる諸定数を求める．

固有円振動数

$$\omega_n = \sqrt{\frac{k}{m}} = \sqrt{\frac{40.0 \times 10^3}{10.0}} = 63.2 \text{〔rad/s〕}$$

外力の円振動数

$$\omega = 2\pi f = 2\pi \times 10.0 = 62.8 \text{〔rad/s〕}$$

減衰比

$$\zeta = \frac{c}{2\sqrt{mk}} = \frac{15.0}{2\sqrt{10.0\times 40.0\times 10^3}} = 0.0119$$

よって，振幅倍率は，

$$\frac{X_D}{X_0} = \sqrt{\frac{1+\left(2\zeta\dfrac{\omega}{\omega_n}\right)^2}{\left\{1-\left(\dfrac{\omega}{\omega_n}\right)^2\right\}^2+\left(2\zeta\dfrac{\omega}{\omega_n}\right)^2}}$$

$$= \sqrt{\frac{1+\left(2\times 0.0119\times\dfrac{62.8}{63.2}\right)^2}{\left\{1-\left(\dfrac{62.8}{63.2}\right)^2\right\}^2+\left(2\times 0.0119\times\dfrac{62.8}{63.2}\right)^2}}$$

$$= 37.3$$

位相角は，

$$\phi = \tan^{-1}\left\{\frac{2\zeta\left(\dfrac{\omega}{\omega_n}\right)^3}{1-\left(\dfrac{\omega}{\omega_n}\right)^2+\left(2\zeta\dfrac{\omega}{\omega_n}\right)^2}\right\}$$

$$= \tan^{-1}\left\{\frac{2\times 0.0119\times\left(\dfrac{62.8}{63.2}\right)^3}{1-\left(\dfrac{62.8}{63.2}\right)^2+\left(2\times 0.0119\times\dfrac{62.8}{63.2}\right)^2}\right\}$$

$$= 1.06\ \text{〔rad〕}$$

(3) 減衰の推定 ―ハーフパワー法―

実験において振動系の減衰を推定する方法はいくつかあるが，ここでは共振曲線から求める方法を示す．

図 6.4 に示す共振曲線で表される振幅倍率の最大値は，式(6.17)の分母の根号内が極小になるときに得られる．ここで，振動数比の 2 乗を，

$$\gamma = \left(\frac{\omega}{\omega_n}\right)^2 \tag{6.38}$$

とすると，式(6.17)の根号内は，$f(\gamma)$ とおいて次式となる．

$$f(\gamma) = (1-\gamma)^2+(2\zeta)^2\gamma \tag{6.39}$$

これを微分すると，

$$\frac{d}{d\gamma}f(\gamma) = -2+2\gamma+4\zeta^2 \tag{6.40}$$

となる．式(6.39)の極小値を求めるには，傾きがゼロになる，つまり式(6.40)がゼロになるγを求めればよい．したがって，

$$\gamma = 1-2\zeta^2 \tag{6.41}$$

のとき，式(6.17)の分母は極小値をとる．よって，振幅倍率が最大になる円振動数ω，つまり共振円振動数ω_rは，式(6.38)，(6.41)より，

$$\omega_r = \omega_n\sqrt{1-2\zeta^2} \tag{6.42}$$

となる．また，式(6.42)を式(6.17)に代入すれば，振幅倍率の最大値$\alpha_{\max}$が次式のように求まる．

$$\begin{aligned}\alpha_{\max} &= \frac{1}{\sqrt{\left\{1-\left(\frac{\omega_r}{\omega_n}\right)^2\right\}^2+\left(2\zeta\frac{\omega_r}{\omega_n}\right)^2}} = \frac{1}{\sqrt{\{1-(1-2\zeta^2)\}^2+(2\zeta\sqrt{1-2\zeta^2})^2}} \\ &= \frac{1}{\sqrt{4\zeta^4+4\zeta^2(1-2\zeta^2)}} = \frac{1}{\sqrt{4\zeta^4+4\zeta^2-8\zeta^4}} = \frac{1}{\sqrt{4\zeta^2-4\zeta^4}} \\ &= \frac{1}{2\zeta\sqrt{1-\zeta^2}}\end{aligned} \tag{6.43}$$

次に，式(6.17)で得られる振幅倍率が，最大値$\alpha_{\max}$の$\frac{1}{\sqrt{2}}$になる円振動数比$\frac{\omega}{\omega_n}$を求める．ここで，$\frac{1}{\sqrt{2}}$としたのは，次のように，そのときの円振動数が非常にきれいな形で求められるからである．左辺に式(6.17)，右辺に式(6.43)の$\frac{1}{\sqrt{2}}$倍をとれば，

$$\frac{1}{\sqrt{\left\{1-\left(\frac{\omega}{\omega_n}\right)^2\right\}^2+\left(2\zeta\frac{\omega}{\omega_n}\right)^2}}=\frac{1}{\sqrt{2}}\cdot\frac{1}{2\zeta\sqrt{1-\zeta^2}} \tag{6.44}$$

となり，整理して，

$$\left(\frac{\omega}{\omega_n}\right)^4-2(1-2\zeta^2)\left(\frac{\omega}{\omega_n}\right)^2+1-8\zeta^2+8\zeta^4=0 \tag{6.45}$$

となる．よって，解の公式より，

$$\left(\frac{\omega}{\omega_n}\right)^2=(1-2\zeta^2)\pm 2\zeta\sqrt{1-\zeta^2} \tag{6.46}$$

となる．これに，式(6.42)を2乗して代入すれば，

$$\left(\frac{\omega}{\omega_n}\right)^2=\left(\frac{\omega_r}{\omega_n}\right)^2\pm 2\zeta\sqrt{1-\zeta^2} \tag{6.47}$$

になるから，

$$\omega^2=\omega_r^2\pm 2\zeta\omega_n^2\sqrt{1-\zeta^2} \tag{6.48}$$

となる．式(6.42)を再度代入して，

$$\omega^2=\omega_r^2\pm 2\zeta\sqrt{1-\zeta^2}\cdot\frac{\omega_r^2}{1-2\zeta^2}=\omega_r^2\left(1\pm\frac{2\zeta\sqrt{1-\zeta^2}}{1-2\zeta^2}\right) \tag{6.49}$$

ここで，$\zeta \ll 1$ とし，$\zeta^2 \simeq 0$ とすると，

$$\omega^2 \fallingdotseq \omega_r^2(1\pm 2\zeta)=\omega_r^2\{(1\pm\zeta)^2-\zeta^2\}=\omega_r^2(1\pm\zeta)^2$$
$$\omega=\omega_r(1\pm\zeta) \tag{6.50}$$

となる．式(6.50)で求まる ω が，振幅倍率が最大値 $\alpha_{\max}$ の $\frac{1}{\sqrt{2}}$ になる外力の円振動数である．式(6.50)には $\pm$ が含まれているから，2つの ω が求まる．そこで，この2つの ω から，減衰比 ζ を推定する方法を考えよう．式(6.50)の $\pm$ のうち，$-$ のときの ω を ω_1，$+$ のときの ω を ω_2 として，$\frac{\omega_1}{\omega_r}=1-\zeta$，$\frac{\omega_2}{\omega_r}=1+\zeta$

とすると，

$$\frac{\omega_2}{\omega_r} - \frac{\omega_1}{\omega_r} = 2\zeta \tag{6.51}$$

となる．以上より，次式を得る．

$$\zeta = \frac{\omega_2 - \omega_1}{2\omega_r} = \frac{\dfrac{\omega_2}{\omega_r} - \dfrac{\omega_1}{\omega_r}}{2} \tag{6.52}$$

ここで得られた2つの円振動数比と振幅倍率との関係を図示すると図6.9ようになる．ただし，$\omega_1 < \omega_n < \omega_2$とする．したがって，実験によって共振曲線を描き，共振振動数ω_r，振幅倍率が最大値$\alpha_{\max}$の$\dfrac{1}{\sqrt{2}}$になる円振動数ω_1，ω_2を求め，式(6.52)に代入することで，減衰比ζが推定できる．この方法を**ハーフパワー法**と呼ぶ．なお，ハーフパワー法による減衰の推定は，近似式を用いていることから$\zeta = 0.1$程度まで適用するのが望ましい．

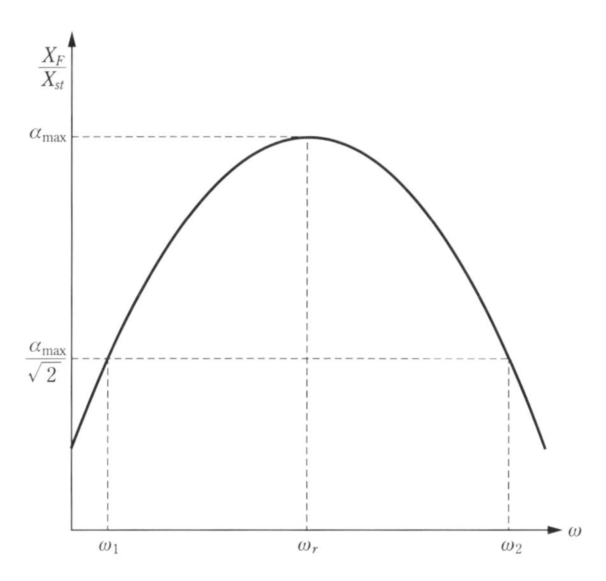

図6.9　ハーフパワー法による減衰比の推定

また，式(6.52)を以下のとおり振動数で考えてもよい．

$$\zeta = \frac{\omega_2 - \omega_1}{2\omega_r} = \frac{\dfrac{\omega_2}{2\pi} - \dfrac{\omega_1}{2\pi}}{2\dfrac{\omega_r}{2\pi}} = \frac{f_2 - f_1}{2f_r} = \frac{\dfrac{f_2}{f_r} - \dfrac{f_1}{f_r}}{2} \tag{6.53}$$

ただし，f_r，f_1，f_2 はそれぞれ円振動数 ω_r，ω_1，ω_2 を振動数で表したものであり，$f_r = \dfrac{\omega_r}{2\pi}$〔Hz〕，$f_1 = \dfrac{\omega_1}{2\pi}$〔Hz〕，$f_2 = \dfrac{\omega_2}{2\pi}$〔Hz〕である．

例題 6.3

減衰のある一自由度系の強制振動の共振曲線が図 6.10 のように計測された．ハーフパワー法から減衰比を求めよ．

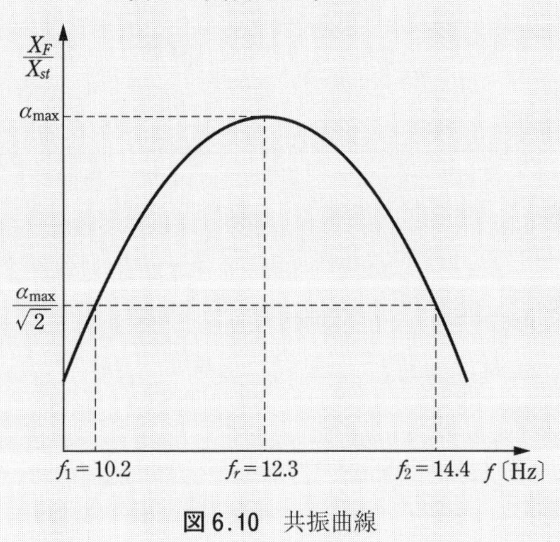

図 6.10　共振曲線

解答　式(6.53)より，

$$\zeta = \frac{\dfrac{f_2}{f_r} - \dfrac{f_1}{f_r}}{2} = \frac{\dfrac{14.4}{12.3} - \dfrac{10.2}{12.3}}{2} = 0.171$$

6-5 まとめ

本章では，減衰のある一自由度系の強制振動を対象に運動方程式を立式し，これを用いてその応答を説明した．本章で示した振動応答は，実際の設計や解析でも多用するため大変重要であり，よく理解しておく必要がある．以下に本章での重要な部分をまとめる．

過渡応答：自由振動応答 x_t と強制振動応答 x_s の重ね合わせ

$$x = x_t + x_s$$

ただし，自由振動応答 x_t は，t が十分に大きければ一般的にはゼロになり強制振動応答 x_s のみ残る．

力入力の定常応答：質点に強制外力が作用するとき（力入力）の振幅倍率と位相角

$$\frac{X_F}{X_{st}} = \frac{1}{\sqrt{\left\{1-\left(\dfrac{\omega}{\omega_n}\right)^2\right\}^2 + \left(2\zeta\dfrac{\omega}{\omega_n}\right)^2}} \tag{6.17}$$

$$\phi = \tan^{-1}\left\{\frac{2\zeta\left(\dfrac{\omega}{\omega_n}\right)}{1-\left(\dfrac{\omega}{\omega_n}\right)^2}\right\} \tag{6.18}$$

変位入力の定常応答：振動系を設置している基礎部が振動するとき（変位入力）の振幅倍率と位相角

$$\frac{X_D}{X_0} = \sqrt{\frac{1+\left(2\zeta\dfrac{\omega}{\omega_n}\right)^2}{\left\{1-\left(\dfrac{\omega}{\omega_n}\right)^2\right\}^2 + \left(2\zeta\dfrac{\omega}{\omega_n}\right)^2}} \tag{6.35}$$

$$\phi = \tan^{-1}\left\{\frac{2\zeta\left(\dfrac{\omega}{\omega_n}\right)^3}{1-\left(\dfrac{\omega}{\omega_n}\right)^2 + \left(2\zeta\dfrac{\omega}{\omega_n}\right)^2}\right\} \tag{6.36}$$

共振円振動数：共振円振動数は次式となる．

$$\omega_r = \omega_n \sqrt{1-2\zeta^2} \text{〔rad/s〕} \tag{6.42}$$

ハーフパワー法による減衰比の推定：共振曲線から減衰比を推定する．ただし，減衰比が0.1程度までの場合に有効である．振幅が，共振円振動数 ω_r における振幅の $\dfrac{1}{\sqrt{2}}$ になる外力の円振動数を ω_1，ω_2 とすると，減衰比 ξ は次式で推定できる．

$$\zeta = \frac{\dfrac{\omega_2}{\omega_r} - \dfrac{\omega_1}{\omega_r}}{2} \tag{6.52}$$

第7章 一自由度系で表される振動の実用

本章の目的

- 力学を応用して一自由度系の運動方程式を立式できる.
- 一自由度系の振動に対する知識を応用し，さまざまな現象の運動方程式を立式し，応答を求められる.
- さまざまな減衰のある場合の強制振動応答を理解する.
- 実際の設計に関わる運動方程式の適用例を理解する.

7-1 エネルギーによる物体の運動の表現

前章までは，ニュートンの第二法則による力の釣り合いの観点で物体の運動を考えた．本節では，エネルギーの観点から物体の運動を考える.

物体の運動により保有される運動エネルギー K とばねの変形により保有される弾性エネルギー U は，摩擦などによる減衰が振動系に生じていないと仮定するとエネルギー保存則より，

$$K+U=\text{一定} \tag{7.1}$$

になる．つまり，ある時間 t_1 の運動エネルギー K_1 と弾性エネルギー U_1，ある時間 t_2 の運動エネルギー K_2 と弾性エネルギー U_2 は，次式のような関係になる.

$$K_1+U_1=K_2+U_2 \tag{7.2}$$

図 7.1 のような減衰のない一自由度系の固有円振動数をエネルギーの観点から求めてみる.

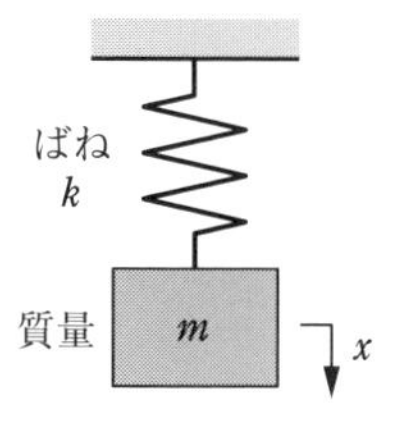

図 7.1　減衰のない一自由度系

運動エネルギー K は,

$$K=\frac{1}{2}m\dot{x}^2 \tag{7.3}$$

弾性エネルギー U は,

$$U=\frac{1}{2}kx^2 \tag{7.4}$$

となる．ここで，質量の変位が,

$$x=A\cos\omega_n t \tag{7.5}$$

で表されるものとすると，速度は,

$$\dot{x}=-A\omega_n\sin\omega_n t \tag{7.6}$$

となるため，運動エネルギーは，式(7.3)より,

$$K=\frac{1}{2}m(-A\omega_n\sin\omega_n t)^2=\frac{1}{2}mA^2\omega_n^2\sin^2\omega_n t \tag{7.7}$$

であり，弾性エネルギーは，式(7.4)より,

$$U=\frac{1}{2}k(A\cos\omega_n t)^2=\frac{1}{2}kA^2\cos^2\omega_n t \tag{7.8}$$

となる．

次に，式(7.7)の運動エネルギーの最大値を考える．式(7.3)より，運動エネルギーが最大になるのは速度が最大のときであり，つまり，式(7.6)より $\sin \omega_n t = -1$ のときである．よって，式(7.7)より運動エネルギーの最大値は，

$$K_{\max} = \frac{1}{2} m A^2 \omega_n^2 \sin^2 \omega_n t \Big|_{\max} = \frac{1}{2} m A^2 \omega_n^2 (-1)^2 = \frac{1}{2} m A^2 \omega_n^2 \tag{7.9}$$

となる．なお，速度と変位は位相が $90° = \dfrac{\pi}{2}$〔rad〕ずれているから，速度が最大のとき変位はゼロであり，運動エネルギーが最大のとき，弾性エネルギーはゼロである．

同様に，弾性エネルギーの最大値は，

$$U_{\max} = \frac{1}{2} k A^2 \cos^2 \omega_n t \Big|_{\max} = \frac{1}{2} k A^2 (1)^2 = \frac{1}{2} k A^2 \tag{7.10}$$

となる．同じく，このときの運動エネルギーはゼロである．よって，式(7.1)あるいは式(7.2)より，

$$K_{\max} = U_{\max} \tag{7.11}$$

であり，

$$\frac{1}{2} m A^2 \omega_n^2 = \frac{1}{2} k A^2 \tag{7.12}$$

となることから，固有円振動数 ω_n を求めると，次式となり，これは，式(3.4)で示した式と同じである．

$$\omega_n = \sqrt{\frac{k}{m}} \tag{7.13}$$

このように，力の釣り合いである運動方程式からだけでなく，エネルギー保存則からも固有円振動数を求めることができる．

例題 7.1

図 7.2 のような半径 r の円盤の滑車（慣性モーメント I），ばね定数 k，質量 m から構成された振動系の固有円振動数をエネルギー保存則を用いて求めよ．

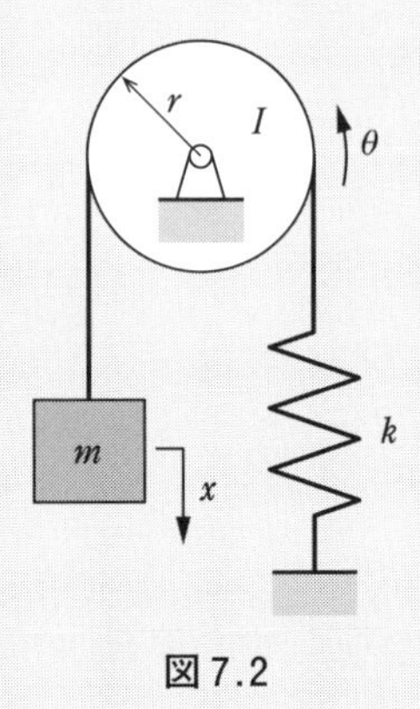

図 7.2

解答　質量 m の並進運動エネルギー K_1 は，

$$K_1 = \frac{1}{2}m\dot{x}^2$$

であり，滑車の回転運動エネルギー K_2 は，

$$K_2 = \frac{1}{2}I\dot{\theta}^2$$

である．ここで，並進運動と回転運動の変数を統一するため次式のような変数変換を行う．

$$x = r\theta$$

よって，振動系の運動エネルギーは，

$$K = \frac{1}{2}m\dot{x}^2 + \frac{1}{2}I\dot{\theta}^2 = \frac{1}{2}m(r\dot{\theta})^2 + \frac{1}{2}I\dot{\theta}^2$$

次に振動系の弾性エネルギーは，ばねの変位が $r\theta$ で表されることから，

$$U = \frac{1}{2}k(r\theta)^2$$

となる．ここで，質量の応答変位が，

$$x = A\cos\omega_n t$$

とすると，並進と回転運動の変数変換を用いて，

$$\theta = \frac{A}{r}\cos\omega_n t$$

角速度は，

$$\dot{\theta} = -\frac{A}{r}\omega_n \sin\omega_n t$$

となる．よって，運動エネルギーの最大値と弾性エネルギーの最大値は，

$$K_{\max} = \frac{1}{2}m\left(r\cdot\frac{A}{r}\omega_n\right)^2 + \frac{1}{2}I\left(\frac{A}{r}\omega_n\right)^2 = \frac{1}{2}\left(m+\frac{I}{r^2}\right)A^2\omega_n^2$$

$$U_{\max} = \frac{1}{2}k\left(r\cdot\frac{A}{r}\right)^2 = \frac{1}{2}kA^2$$

となる．

$$K_{\max} = U_{\max}$$

より，

$$\frac{1}{2}\left(m+\frac{I}{r^2}\right)A^2\omega_n^2 = \frac{1}{2}kA^2$$

以上より，

$$\omega_n = \sqrt{\frac{k}{m+\dfrac{I}{r^2}}}$$

7-2 振動系のモデル化

本書は一自由度系に着目しているが，実際の機械要素や物理現象を一自由度系にモデル化するのは，経験とセンスが必要となる．ここでは，代表的な機械要素や物理現象を一自由度系として扱う方法を示すことで，振動の理解の幅を広げる．

(1) 片持ちはり

教室や会議室の天井に吊るされたプロジェクターや，プラント施設に設置されたタンクに接合された配管などは，図7.3に示すような片持ちはりで簡易的に置き換える場合がある．このような場合，一自由度系としてどのようにモデル化するか考え，運動方程式を立式し，振動特性を固有振動数として表してみる．

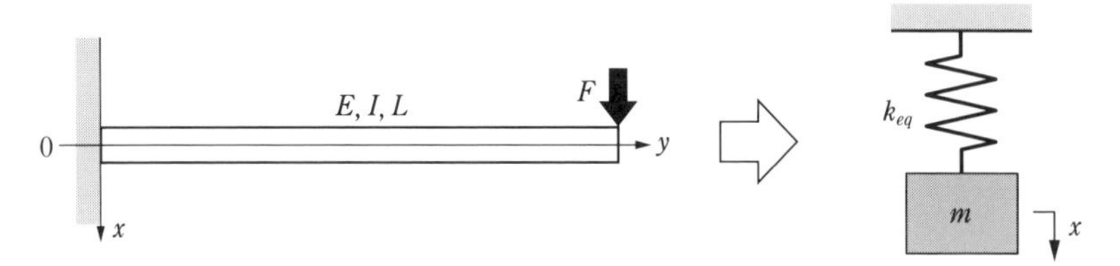

図 7.3 片持ちはりの振動

はりの長さを L，縦弾性係数を E，断面 2 次モーメントを I とすると，片持ちはりの変位は，たわみの式より，

$$x = \frac{F}{6EI} y^2 (3L - y) \tag{7.14}$$

となる．ここで，最大たわみ $x_{\max}$ は，y が L のときに生じる．よって，

$$x_{\max} = x \Big|_{y=L} = \frac{FL^3}{3EI} \tag{7.15}$$

となる．

上式は，力 F がはりの先端に作用して $x_{\max}$ の変形が生じることを意味している．これを $F = k \cdot x_{\max}$ としてフックの法則にあてはめると，質点とばねから構成される一自由度系と等価なばね定数 k_{eq} を求めることができる．

$$k_{eq} = \frac{3EI}{L^3} \tag{7.16}$$

また，片持ちはりを一自由度系にモデル化するときの質量が，はり全体の質量の $\frac{1}{3}$ で簡易的に表すことが知られているため，運動方程式は，

$$\frac{1}{3} m\ddot{x} + k_{eq} x = 0 \tag{7.17}$$

であり，

$$\frac{1}{3} m\ddot{x} + \frac{3EI}{L^3} x = 0 \tag{7.18}$$

となる．固有円振動数は，

$$\omega_n = \sqrt{\frac{3k_{eq}}{m}} = \sqrt{\frac{9EI}{mL^3}} \text{〔rad/s〕} \tag{7.19}$$

もしくは，固有振動数は，

$$f_n = \frac{1}{2\pi}\sqrt{\frac{3k_{eq}}{m}} = \frac{1}{2\pi}\sqrt{\frac{9EI}{mL^3}} \text{〔Hz〕} \tag{7.20}$$

として一自由度系の振動を求めることができる．つまり，片持ちはりを等価なばね定数 k_{eq} としてモデル化することで，片持ちはりの振動を推定することができる．

もし，摩擦などなんらかの減衰要素の推定や仮定ができれば，共振時の応答も計算することができる．

(2)　U 字管の液面振動

図 7.4 に示すような U 字管の中に液体を入れ，片側の水位がもう一方より高くなるようなきっかけを与えると，液面は振動する．この振動を一自由度系としてどのようにモデル化するかを考え，運動方程式を立式し，これをもとに固有振動数を求めてみる．

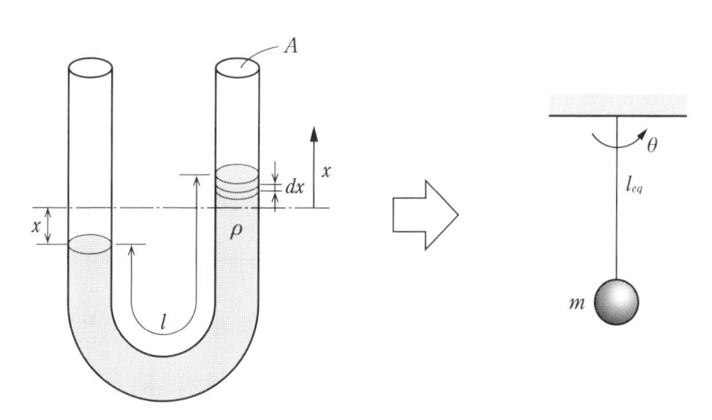

図 7.4　U 字管の中の流体の振動

管の断面をA，流体の密度をρ，重力加速度をg，液柱の長さをlとすると，液柱の質量mは，

$$m = \rho A l \tag{7.21}$$

となる．

ここでは，7.1節で示したエネルギー保存則を用いた方法を参考に，固有円振動数を算出する．まず，U字管の一方の液面が平衡点からxだけ上昇，他方がxだけ下降したときの位置エネルギーの増加Uを考える．上昇側において，上昇した液体の質量は$\rho A x$であり，平衡点からその重心までの高さは$\dfrac{x}{2}$である．したがって，上昇側の位置エネルギーの増加は$\rho A x \cdot g \cdot \dfrac{x}{2}$である．他方，U字管の反対側では，液面が$x$だけ下降する．エネルギー的に安定している平衡点から液面が下降するため，位置エネルギーが増加する．下降側のエネルギーの増加は，上昇側と同様に考え，$\rho A x \cdot g \cdot \dfrac{x}{2}$である．したがって，液柱の位置エネルギーの増加$U$は，両者を足して，

$$U = \rho A x \cdot g \cdot \frac{x}{2} + \rho A x \cdot g \cdot \frac{x}{2} = \rho g A x^2 \tag{7.22}$$

となる．ここで式(7.22)の位置エネルギーはx^2により定まるエネルギーであるから，式(7.4)の弾性エネルギーと等価であると考えられる．そこで，式(7.4) = 式(7.22)として，U字管の液柱を一自由度系にモデル化した際の等価ばね定数k_{eq}を求める．

$$\frac{1}{2} k_{eq} x^2 = \rho g A x^2 \tag{7.23}$$

よって，

$$k_{eq} = 2 \rho g A \tag{7.24}$$

として表すことができる．運動方程式は，

$$m\ddot{x}+k_{eq}x=0 \tag{7.25}$$

であり，

$$\rho Al\ddot{x}+2\rho gAx=0 \tag{7.26}$$

となる．固有円振動数 ω_n は，式(7.21)を質量 m，式(7.24)をばね定数 k として，式(7.13)に代入すると，

$$\omega_n=\sqrt{\frac{2\rho gA}{\rho Al}}=\sqrt{\frac{2g}{l}}\ \text{〔rad/s〕} \tag{7.27}$$

もしくは，固有振動数 f_n は，

$$f_n=\frac{1}{2\pi}\sqrt{\frac{2\rho gA}{\rho Al}}=\frac{1}{2\pi}\sqrt{\frac{2g}{l}}\ \text{〔Hz〕} \tag{7.28}$$

となる．上式が示すように，U 字管の液面の振動は，振り子の長さ $l_{eq}=\dfrac{1}{2}l$ の単振り子の振動と等価であることがわかる．

7-3 摩擦による減衰がある自由振動

金属材料から構成された実際の機械構造物の振動では，粘性減衰よりも摩擦による減衰要素をもつ場合が多い．ここでは，図 7.5 に示すようなクーロン摩擦の

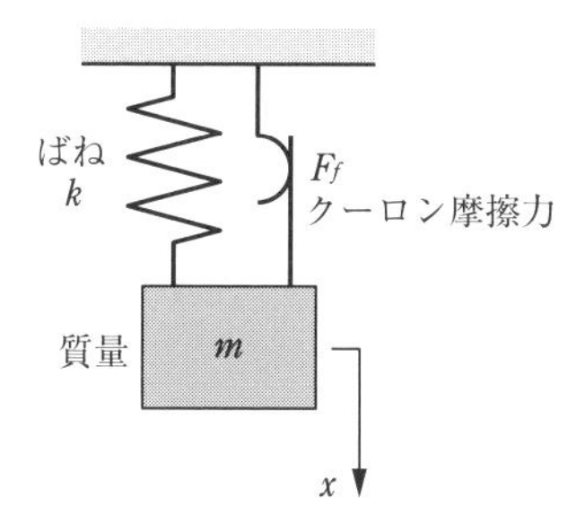

図 7.5 クーロン摩擦のある一自由度系

ある一自由度系の自由振動を考える．

クーロン摩擦は，変位や速度の大きさに無関係で2つの物体間の垂直方向の力 N に摩擦係数 μ を乗じた減衰である．クーロン摩擦の摩擦力 F_f は速度の向きにより，次式のように表す．

$$F_f = \begin{cases} -F & (\dot{x} > 0) \\ +F & (\dot{x} < 0) \end{cases} \tag{7.29}$$

ただし，$F = \mu N$ である．

運動方程式は，次式となる．

$$-m\ddot{x} - kx \mp F = 0 \tag{7.30}$$

運動方程式の両辺を m で割ると，

$$\ddot{x} + \frac{k}{m}x \pm \frac{F}{m} = 0 \tag{7.31}$$

ここで，自由振動を求めるにあたり，式をまとめやすくするため，5.4節(1)項の静たわみ X_{st} と同様に摩擦力によるばねの変位 $\varepsilon = \dfrac{F}{k}$ を導入すると，式(7.31)は，次のように式変形できる．

$$\ddot{x} + \omega_n^2 x \pm \frac{k}{m} \cdot \frac{F}{k} = 0 \tag{7.32}$$

$$\ddot{x} + \omega_n^2 x \pm \omega_n^2 \cdot \varepsilon = 0$$

よって，次式となる．

$$\ddot{x} + \omega_n^2 (x \pm \varepsilon) = 0 \tag{7.33}$$

得られた式(7.33)より摩擦による減衰がある自由振動を求める．

初期条件を，$t = 0$ で初速度 $v_0 = 0$，初期変位 $x_0 > 0$ とし，時間 $t = 0$ から変位 x が，x_0 から減少する場合（$\dot{x} < 0$）を考える．図7.6は，変位が余弦波状に減少するときの速度と摩擦力との関係を時刻歴波形で示したものである．図が示

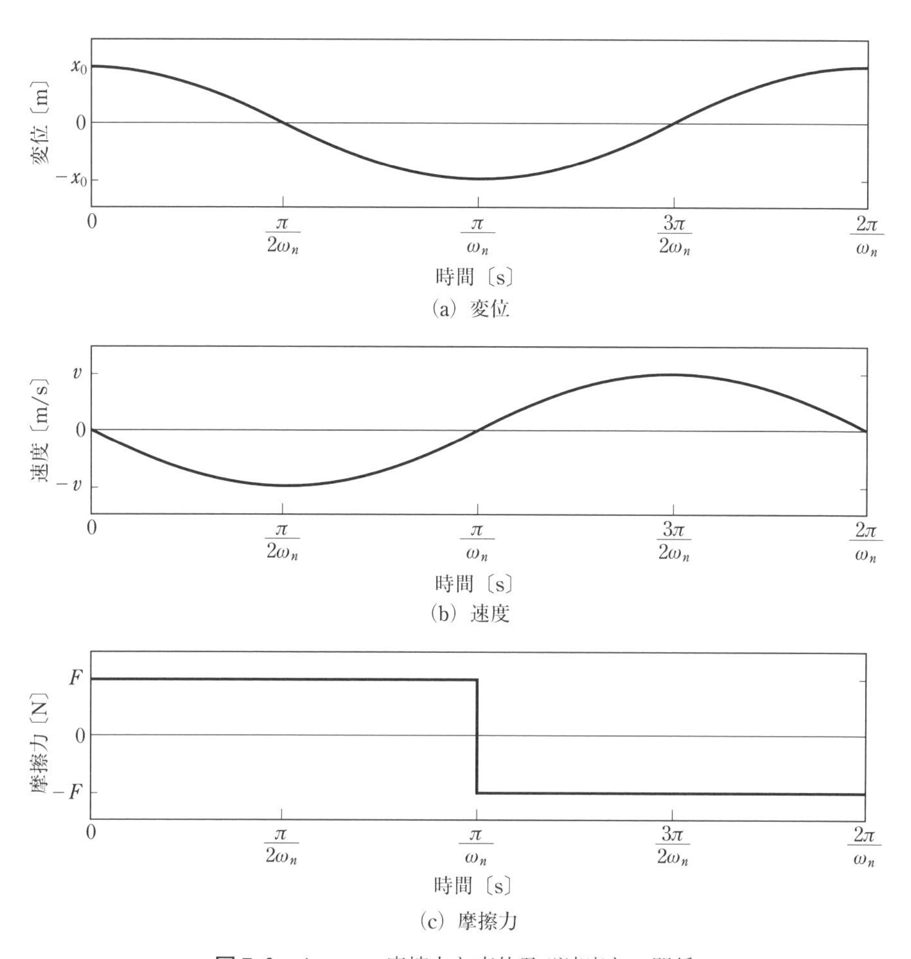

図7.6 クーロン摩擦力と変位及び速度との関係

すように，変位が減少していくと，速度は負となり，このとき摩擦力は正となる．

このとき，運動方程式は次式のようになる．

$$\ddot{x}+\omega_n^2(x-\varepsilon)=0 \tag{7.34}$$

この運動方程式の解は，C_1，C_2 を定数として，

$$x = \varepsilon + C_1 \cos \omega_n t + C_2 \sin \omega_n t \tag{7.35}$$

となる．初期条件（$t = 0$）より，

$$x(0) = \varepsilon + C_1 \tag{7.36}$$

となる．また，$x(0) = x_0$ より，

$$C_1 = x_0 - \varepsilon \tag{7.37}$$

次に，式(7.35)を時間で微分すると，

$$\dot{x} = -C_1\omega_n \sin \omega_n t + C_2\omega_n \cos \omega_n t \tag{7.38}$$

より，初期条件（$t = 0$ で $v_0 = 0$）を代入すると，

$$C_2 = 0 \tag{7.39}$$

よって，

$$x = \varepsilon + (x_0 - \varepsilon)\cos \omega_n t \tag{7.40}$$

となる．式(7.40)は，次に $\dot{x} = 0$ になるまで，つまり，時間 $t = \frac{\pi}{\omega_n}$ まで成立する．

次に，時間 t が $\frac{\pi}{\omega_n}$ より大きくなるとき，変位は増大していくため，速度は正となり，このとき摩擦力は負となる．よって，

$$x = -\varepsilon + (x_0 - 3\varepsilon)\cos \omega_n t \tag{7.41}$$

となる．式(7.41)は，時間 $t = \frac{2\pi}{\omega_n}$ まで成立する．

よって，クーロン摩擦を有する振動系の自由振動は，次のように順次求めることができる．また，図 7.7 にクーロン摩擦を有する振動系の自由振動の変位応答を示す．

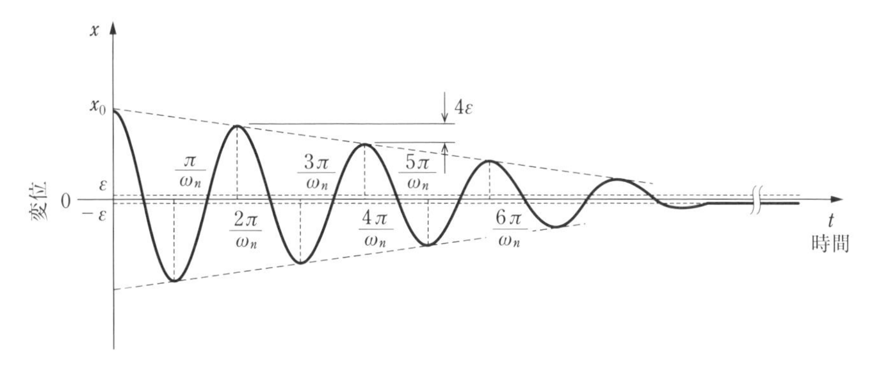

図 7.7 摩擦のある振動系の自由振動の変位と時間の関係

$$
x = \begin{cases} \varepsilon + (x_0 - \varepsilon)\cos\omega_n t & \left(0 \le t < \dfrac{\pi}{\omega_n}\right) \\ -\varepsilon + (x_0 - 3\varepsilon)\cos\omega_n t & \left(\dfrac{\pi}{\omega_n} \le t < \dfrac{2\pi}{\omega_n}\right) \\ \varepsilon + (x_0 - 5\varepsilon)\cos\omega_n t & \left(\dfrac{2\pi}{\omega_n} \le t < \dfrac{3\pi}{\omega_n}\right) \\ -\varepsilon + (x_0 - 7\varepsilon)\cos\omega_n t & \left(\dfrac{3\pi}{\omega_n} \le t < \dfrac{4\pi}{\omega_n}\right) \\ \qquad\vdots & \qquad\quad\vdots \end{cases} \tag{7.42}
$$

図 7.7 に示すように，振幅は一周期ごとに 4ε だけ減少し，最終的に $\pm\varepsilon$ の残留変位が残り応答が止まる.

粘性減衰と摩擦減衰の自由振動を比較すると，粘性減衰では指数関数的に応答が減少するのに対して，摩擦減衰では直線的に応答が減少する点が大きく異なる.

7-4 減衰力のモデル化

前節で示したように，摩擦減衰を有する振動系の応答を求めることは難しい. ほかにも，取り扱いが難しく，いまだに研究対象となる領域を残しているのが減衰である.

そこで，本節では，複雑な減衰要素を簡易的に取り扱うことができる等価粘性減衰係数の求め方を説明する．**等価粘性減衰係数**（equivalent viscous damping coefficient）c_{eq} とは，摩擦による減衰のように，減衰力が $-c\dot{x}$ 以外で表される任意の減衰について，エネルギー吸収が等しくなるような粘性減衰の減衰係数のことである．つまり，任意の減衰要素が吸収するエネルギーを W，粘性減衰が吸収するエネルギーを W_d としたとき，$W = W_d$ となるような粘性減衰の減衰係数である．本書が扱う一自由度系においては，材質と形状がわかれば質量やばね定数を求めることができる．ばね定数は，実験から得られた自由振動や共振曲線などからも求めることができる．このため，本節で示す等価粘性減衰係数を理解することで，さまざまな振動系を一自由度系としてモデル化し，応答を求めることが可能となる．

任意の減衰要素が $x = A\cos\omega t$ の周期運動をしているとき，一周期で吸収するエネルギーを考える．減衰力 F に微小変位 dx を乗じ，移動距離で積分することでエネルギー W が得られる．あるいは，$\dot{x} = \dfrac{dx}{dt}$ より微小変位を $dx = \dot{x}dt$ として運動時間で積分してもよい．今考えている運動は，一周期 $\dfrac{2\pi}{\omega}$ であり，この間に任意の減衰要素が吸収するエネルギーは，次式のように求めることができる．

$$W = -\int_0^{\frac{2\pi}{\omega}} F\dot{x}dt \tag{7.43}$$

$x = A\cos\omega t$ より，$\dot{x} = -A\omega\sin\omega t$ を式(7.43)に代入すると，

$$W = -\int_0^{\frac{2\pi}{\omega}} F\cdot(-A\omega\sin\omega t)dt \tag{7.44}$$

次に，減衰要素として $F_d = c\dot{x}$ で表される粘性減衰を考え，その一周期における消費エネルギー W_d を求めると，

$$
\begin{aligned}
W_d &= \int_0^{\frac{2\pi}{\omega}} (F_d \cdot \dot{x})dt = \int_0^{\frac{2\pi}{\omega}} (c\dot{x} \cdot \dot{x})dt \\
&= c\int_0^{\frac{2\pi}{\omega}} (-A\omega \sin \omega t)^2 dt = c\omega^2 A^2 \int_0^{\frac{2\pi}{\omega}} \sin^2 \omega t dt \\
&= c\omega^2 A^2 \int_0^{\frac{2\pi}{\omega}} \frac{1-\cos 2\omega t}{2} dt \quad \left(\because \sin 2\alpha = \frac{1-\cos 2\alpha}{2}\right) \\
&= \frac{c\omega^2 A^2}{2} \int_0^{\frac{2\pi}{\omega}} (1-\cos 2\omega t)dt = \frac{c\omega^2 A^2}{2}\left[t - \frac{1}{2\omega}\sin 2\omega t\right]_0^{\frac{2\pi}{\omega}} \\
&= \frac{c\omega^2 A^2}{2} \cdot \frac{2\pi}{\omega} = \pi c\omega A^2
\end{aligned}
\tag{7.45}
$$

となる．式(7.44)の任意の減衰要素が一周期で吸収するエネルギー W と式(7.45)の粘性減衰が一周期で吸収するエネルギー W_d を $W = W_d$ として等価とおくことで，減衰力 F に対する等価粘性減衰係数 c_{eq} を求めることができる．

$$
\pi c_{eq} \omega A^2 = -\int_0^{\frac{2\pi}{\omega}} F \cdot (-A\omega \sin \omega t)dt
$$

よって，次式となる．

$$
c_{eq} = \frac{1}{\pi A} \int_0^{\frac{2\pi}{\omega}} (F \sin \omega t)dt \tag{7.46}
$$

例題 7.2

7.3 節で示したクーロン摩擦の摩擦力における等価粘性減衰係数 c_{eq} を求めよ．

解答　クーロン摩擦の摩擦力は，式(7.29)のように速度の正負に依存する．いま，$x = A\cos \omega t$ の周期運動を考えると，速度は $\dot{x} = -A\omega \sin \omega t$ となる．よって，

$$
F_f = \begin{cases} +F & \left(0 \leq t < \dfrac{\pi}{\omega},\ \dot{x} < 0\right) \\ -F & \left(\dfrac{\pi}{\omega} \leq t < \dfrac{2\pi}{\omega},\ \dot{x} > 0\right) \end{cases}
$$

となる．式(7.46)に代入すると，次式となる．

$$
\begin{aligned}
c_{eq} &= \frac{1}{\pi A}\int_0^{\frac{\pi}{\omega}} F\cdot\sin\omega t\,dt + \frac{1}{\pi A}\int_{\frac{\pi}{\omega}}^{\frac{2\pi}{\omega}} -F\cdot\sin\omega t\,dt \\
&= \frac{1}{\pi A}\left\{\left[\frac{-F}{\omega}\cos\omega t\right]_0^{\frac{\pi}{\omega}} + \left[\frac{F}{\omega}\cos\omega t\right]_{\frac{\pi}{\omega}}^{\frac{2\pi}{\omega}}\right\} \\
&= \frac{1}{\pi A}\left(\frac{2F}{\omega}+\frac{2F}{\omega}\right) = \frac{4F}{\pi A\omega}
\end{aligned}
$$

図7.8は，減衰力と変位の関係を表した荷重-変位曲線である．エネルギーは，力つまり荷重に微小変位を乗じ，移動距離で積分したものである．したがって，荷重-変位曲線で囲まれた面積が，エネルギーになる．摩擦減衰力の荷重-変位関係は図(a)のように矩形となる．この荷重-変位関係の面積は，摩擦減衰により振動系が一周期で消費するエネルギーに相当する．一方，粘性減衰の荷重-変位曲線は図(b)のように楕円形になる．つまり，摩擦減衰の荷重-変位関係の面積と粘性減衰の荷重-変位関係の面積を一致させることで，振動系が一周期で消費するエネルギーが同等となる．よって，ここで導出した等価粘性減衰係数とは，矩形と楕円形の面積が同等になるような粘性減衰係数を導出したことになる．

本例題で導出された等価粘性減衰係数を採用した減衰要素を有する一自由度系の応答は，クーロン摩擦を有する一自由度系の応答とは異なる．しかし，摩擦減衰を有する複雑な問題を扱う場合には，等価粘性減衰係数を採用した減衰要素を有する一自由度系で応答の傾向を把握した上で，詳細な検討を行うとよい．

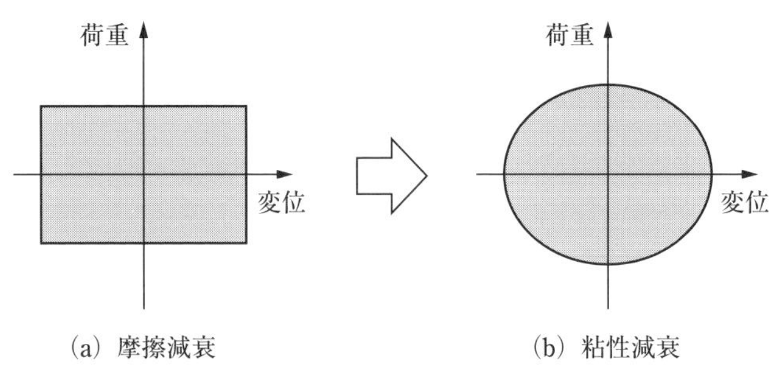

図7.8 等価粘性減衰係数の導出イメージ

7-5 応用例

(1) 免震

我が国は地震大国であり，地表面にある重要な構造物にはなんらかの地震対策が施されている場合が多い．その中で，一部の建築構造物では，免震装置と呼ばれる装置を建物の下に設置することで地震被害を軽減している場合がある．ここでは，本書の専門知識の応用例として免震構造の応答を考える．

免震とは，対象構造物と基礎の間に免震装置を設置して，地面から対象構造物への振動エネルギーの伝播を軽減することにより，対象構造物の応答を低減する技術である．

ここでは，図7.9(a)のように積層ゴムと呼ばれる免震装置を対象構造物と基礎の間に挿入した免震構造を考える．対象構造物の変形は積層ゴムの変形に比べて極めて小さいので，図7.9(b)に示すように対象構造物を質量 m の質点としてモデル化する．次に，免震層の積層ゴムは，ばね定数 k のばね要素と減衰係数 c の減衰要素にモデル化する．

この場合，運動方程式は，式(6.21)と同じく基礎部が振動する強制振動となる．

$$m\ddot{x}+c\dot{x}+kx = -m\ddot{z} \tag{7.47}$$

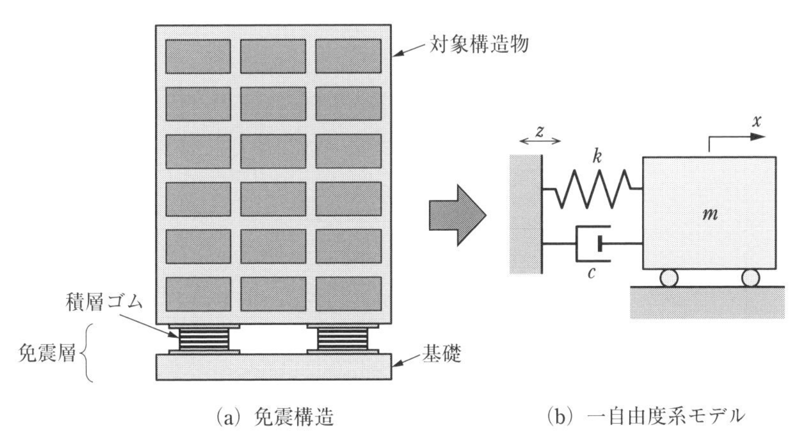

図7.9　免震構造の一自由度系へのモデル化

ここで，x は地面を基準とした相対座標系による変位である．
式の両辺を m で割ると，次式となる．

$$\ddot{x}+2\zeta\omega_n\dot{x}+\omega_n^2x = -\ddot{z} \tag{7.48}$$

式(7.47)の運動方程式を解くためには，建物の質量，積層ゴムの減衰係数とばね定数を与えなければならない．しかし，運動方程式の両辺を質量 m で割った式(7.48)では，建物の質量，積層ゴムの減衰係数とばね定数は必要なく，固有円振動数（固有振動数，固有周期）と減衰比のみが与えられていればよい．

ここで，免震構造の応答を検討するにあたり，振動系への入力となる地震による地表面の変位 z と加速度 $\ddot{z}$ を次のように表す．

$$z = A\cos\omega t$$
$$\ddot{z} = -A\omega^2\cos\omega t$$

まず，対象構造物の応答加速度を求める．加速度は慣性力に関連するものであるから，2.2節(5)項のように，絶対座標系で評価するのがよい．式(6.35)より，絶対座標系での強制振動応答 $x_s = X_D\cos(\omega t-\phi)$ の最大応答変位 X_D を求めると，

$$X_D = \sqrt{\frac{1+\left(2\zeta\dfrac{\omega}{\omega_n}\right)^2}{\left\{1-\left(\dfrac{\omega}{\omega_n}\right)^2\right\}^2+\left(2\zeta\dfrac{\omega}{\omega_n}\right)^2}}A$$

となる．よって，最大応答加速度 X_A は，$x_s = X_D\cos(\omega t-\phi)$ を時間で二階微分したものの振幅，つまり，次式となる．

$$X_A = \sqrt{\frac{1+\left(2\zeta\dfrac{\omega}{\omega_n}\right)^2}{\left\{1-\left(\dfrac{\omega}{\omega_n}\right)^2\right\}^2+\left(2\zeta\dfrac{\omega}{\omega_n}\right)^2}}A\omega^2 \tag{7.49}$$

次に免震装置の最大変形量を求める．免震装置の最大変形量，つまり，免震層の最大応答変位は，先に示した絶対座標系での変位ではなく，基礎を基準とした

相対座標系での変位に注目して評価する必要がある．なぜならば，免震装置は基礎と対象構造物の間に設置されるからである．この応答は，式(6.1)で示した力入力の運動方程式の右辺の力振幅 F_0 を $F_0 = mA\omega^2$ とすることにより求められる．このことは，式(7.47)に $\ddot{z} = -A\omega^2 \cos \omega t$ を代入し，式(6.1)と比較することでわかる．よって，式(6.17)より免震層の最大応答変位を相対座標系で表すと，次式となる．

$$
\begin{aligned}
X_F &= \frac{X_{st}}{\sqrt{\left\{1-\left(\dfrac{\omega}{\omega_n}\right)^2\right\}^2+\left(2\zeta\dfrac{\omega}{\omega_n}\right)^2}} \\
&= \frac{1}{\sqrt{\left\{1-\left(\dfrac{\omega}{\omega_n}\right)^2\right\}^2+\left(2\zeta\dfrac{\omega}{\omega_n}\right)^2}} \cdot \frac{F_0}{k} \\
&= \frac{1}{\sqrt{\left\{1-\left(\dfrac{\omega}{\omega_n}\right)^2\right\}^2+\left(2\zeta\dfrac{\omega}{\omega_n}\right)^2}} \cdot \frac{mA\omega^2}{k} \\
&= \frac{1}{\sqrt{\left\{1-\left(\dfrac{\omega}{\omega_n}\right)^2\right\}^2+\left(2\zeta\dfrac{\omega}{\omega_n}\right)^2}} \cdot \left(\frac{\omega}{\omega_n}\right)^2 A
\end{aligned}
\tag{7.50}
$$

式(7.49)の最大応答加速度と式(7.50)の最大応答変位をもとに共振曲線を作成して，固有振動数 $f_n = \dfrac{\omega_n}{2\pi}$ や減衰比 ζ と最大応答加速度や最大応答変位の関係を検討する．固有振動数 f_n を 0.25 Hz，減衰比 ζ を 0.1，0.2，0.3，0.4 とする．地表面の振動数 $f = \dfrac{\omega}{2\pi}$ は，0.1～10 Hz までと仮定した．最大応答を計算した結果を図 7.10 にまとめる．図(a)は対象構造物の応答加速度の振幅倍率 $\dfrac{X_A}{A\omega^2}$，図(b)は免震層の最大変位の振幅倍率 $\dfrac{X_F}{A}$ である．地震による地表面の振動数は一般に 1～10 Hz 程度であり，図(a)より，免震構造ではこの領域の加速度を低減できることがわかる．一方で，図(b)より，この領域では変位の振幅倍率が 1 であり，地表面の変位がダイレクトに免震装置に働くことがわかる．ただし，ここで扱った地表面の振動は単一の振動数 f による余弦波であったのに

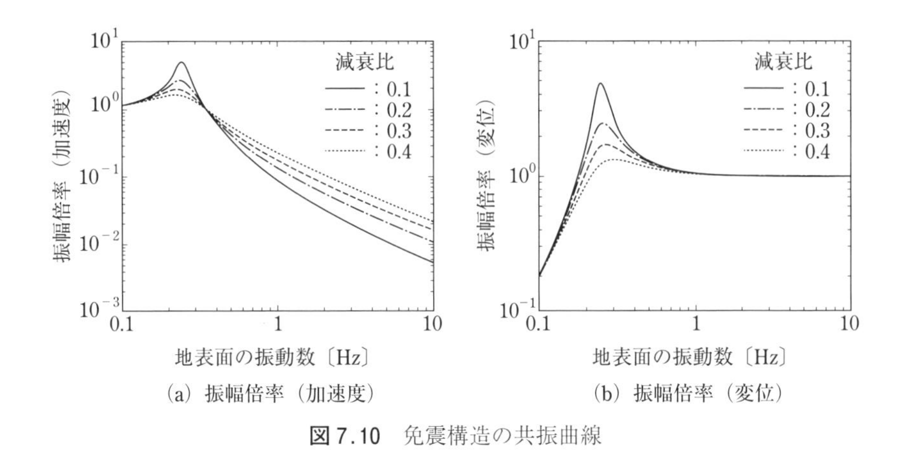

(a) 振幅倍率（加速度）　(b) 振幅倍率（変位）

図 7.10　免震構造の共振曲線

対し，実際の地震による地表面の振動はさまざまな振動数や振幅を含む波である．また，振動数 f が 1 Hz よりも小さい，いわゆる長周期地震動なども存在するため，実際の免震構造の応答を検討する際には注意が必要である．

(2) 防振 / 除振

回転機器で生じる振動の床への伝達を低減することで居住空間の環境を整えたり，床から超精密機器への振動を低減することで計測精度の向上を図る目的として，さまざまな防振 / 除振技術が開発されている．防振，除振とは，振動の遮断を機能とするが，一般に，防振は振動源から伝播する振動を遮断し，除振は環境振動から嫌振機器への振動を遮断する．防振装置はさまざまな種類があり，ゴム，空気ばね，コイルばね，板ばねなどのばね要素となんらかの減衰要素から構成される機構が多用されている．

いま，ボイラー設備を防振対象とし，ボイラー設備からボイラー設備が設置されている地面へ伝播する力を検討する．

図 7.11 のように，ボイラー設備を質点，防振装置をばね要素と減衰要素として，一自由度系にモデル化する．ボイラー設備から発せられる振動が定常状態にあり，加振力を $F_0 \cos \omega t$ として仮定すると，運動方程式は次式のようになる．

$$m\ddot{x} + c\dot{x} + kx = F_0 \cos \omega t \tag{7.51}$$

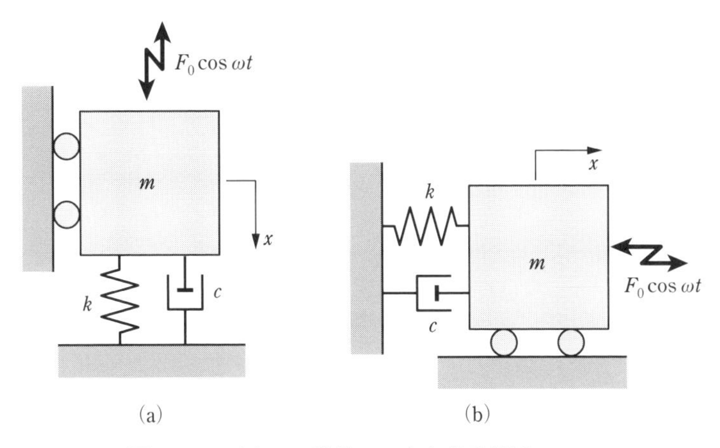

図 7.11　ボイラー設備の一自由度系解析モデル

ここで，m はボイラー設備の質量，c は防振装置の減衰係数，k は防振装置のばね定数，x はボイラー設備の地面との相対変位，F_0 は加振力の振幅，ω は加振力の円振動数である．

ボイラー設備から地面に伝播する力は，図 7.12 のように，

$$F = c\dot{x} + kx \tag{7.52}$$

となる．減衰のある一自由度系の力入力による強制振動応答は，式(6.13)，(6.17)，(6.18)より，

$$\left.\begin{aligned} x &= \frac{\dfrac{F_0}{k}}{\sqrt{\left\{1-\left(\dfrac{\omega}{\omega_n}\right)^2\right\}^2+\left(2\zeta\dfrac{\omega}{\omega_n}\right)^2}}\cos(\omega t-\phi)=X_F\cos(\omega t-\phi) \\ \phi &= \tan^{-1}\left\{\frac{2\zeta\left(\dfrac{\omega}{\omega_n}\right)}{1-\left(\dfrac{\omega}{\omega_n}\right)^2}\right\} \end{aligned}\right\} \tag{7.53}$$

となる．ここで，ω_n は防振装置を含むボイラー設備の固有円振動数，ζ は防振装置を含むボイラー設備の減衰比，ϕ は位相角である．なお，ボイラー設備の固

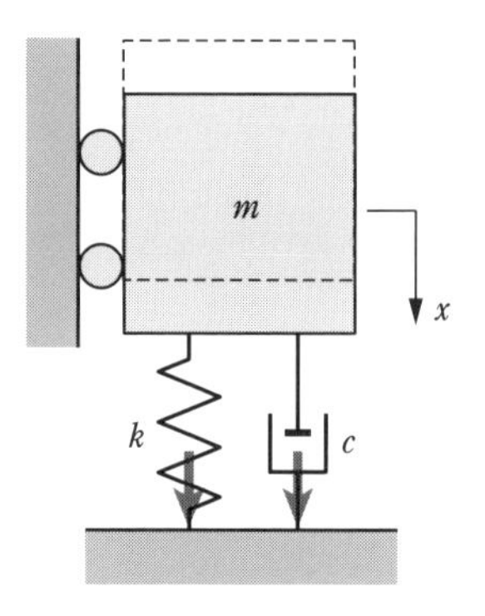

図 7.12　ボイラー設備からの力伝達

有円振動数と減衰比は，次式で求める．

$$\omega_n = \sqrt{\frac{k}{m}} \tag{7.54}$$

$$\zeta = \frac{c}{2\sqrt{mk}} \tag{7.55}$$

式(7.53)を式(7.52)に代入し，強制振動時にボイラー設備から地面に伝播する力を求める．

$$x = X_F \cos(\omega t - \phi), \quad \dot{x} = -\omega X_F \sin(\omega t - \phi)$$

より，次式を得る．

$$F = c\dot{x} + kx = -c\omega X_F \sin(\omega t - \phi) + kX_F \cos(\omega t - \phi)$$

ここで，式(6.13)のように整理すると，

$$F = X \cos(\omega t - \phi - \gamma) \tag{7.56}$$

となる．ここで，

$$X=\sqrt{(-c\omega X_F)^2+(kX_F)^2}=X_F\sqrt{(c\omega)^2+k^2}$$

$$=\frac{\dfrac{F_0}{k}}{\sqrt{\left\{1-\left(\dfrac{\omega}{\omega_n}\right)^2\right\}^2+\left(2\zeta\dfrac{\omega}{\omega_n}\right)^2}}\sqrt{(c\omega)^2+k^2}$$

$$=\frac{F_0}{\sqrt{\left\{1-\left(\dfrac{\omega}{\omega_n}\right)^2\right\}^2+\left(2\zeta\dfrac{\omega}{\omega_n}\right)^2}}\sqrt{\left(\frac{c}{k}\omega\right)^2+1}$$

$$=\frac{F_0}{\sqrt{\left\{1-\left(\dfrac{\omega}{\omega_n}\right)^2\right\}^2+\left(2\zeta\dfrac{\omega}{\omega_n}\right)^2}}\sqrt{\left(\frac{2\zeta\omega_n}{\omega_n^2}\cdot\omega\right)^2+1}$$

$$=\frac{F_0}{\sqrt{\left\{1-\left(\dfrac{\omega}{\omega_n}\right)^2\right\}^2+\left(2\zeta\dfrac{\omega}{\omega_n}\right)^2}}\sqrt{1+\left(2\zeta\frac{\omega}{\omega_n}\right)^2}$$

また，$\gamma=\tan^{-1}\left(-\dfrac{c\omega}{k}\right)=\tan^{-1}\left(-2\zeta\dfrac{\omega}{\omega_n}\right)$となる．

よって，

$$\frac{X}{F_0}=\frac{\sqrt{1+\left(2\zeta\dfrac{\omega}{\omega_n}\right)^2}}{\sqrt{\left\{1-\left(\dfrac{\omega}{\omega_n}\right)^2\right\}^2+\left(2\zeta\dfrac{\omega}{\omega_n}\right)^2}} \tag{7.57}$$

とすると，式(7.57)は，ボイラー設備から地面への力の伝達率を示す．力の伝達率は，ボイラー設備に発生した力が地面にどれだけ伝わったかを表す指標であり，1よりも小さければ地面に伝わる力が小さくなったといえる．なお，減衰が無視できる場合には，次式のような簡易式になる．

$$\frac{X}{F_0}=\frac{1}{1-\left(\dfrac{\omega}{\omega_n}\right)^2} \tag{7.58}$$

図7.13は，ボイラー設備の固有円振動数ω_nと加振力の円振動数ωとの振動数比$\dfrac{\omega}{\omega_n}$と式(7.57)で得られる力の伝達率との関係で示す．

図 7.13 が示すように，振動数比が，

$$0 \leq \frac{\omega}{\omega_n} \leq \sqrt{2} \tag{7.59}$$

の場合では，防振機構の減衰比を増大させることで力の伝達率を低減することができる．また，

$$\sqrt{2} \leq \frac{\omega}{\omega_n} \tag{7.60}$$

の場合には，逆に減衰比が小さいほど力の伝達率を低減することができる．現実的な観点では，$0 \leq \dfrac{\omega}{\omega_n} < \sqrt{2}$ の範囲で減衰を小さくするよりも，振動数比を $\sqrt{2}$ よりも大きくするほうが，効果的に力伝達率を低減できる．したがって，式(7.

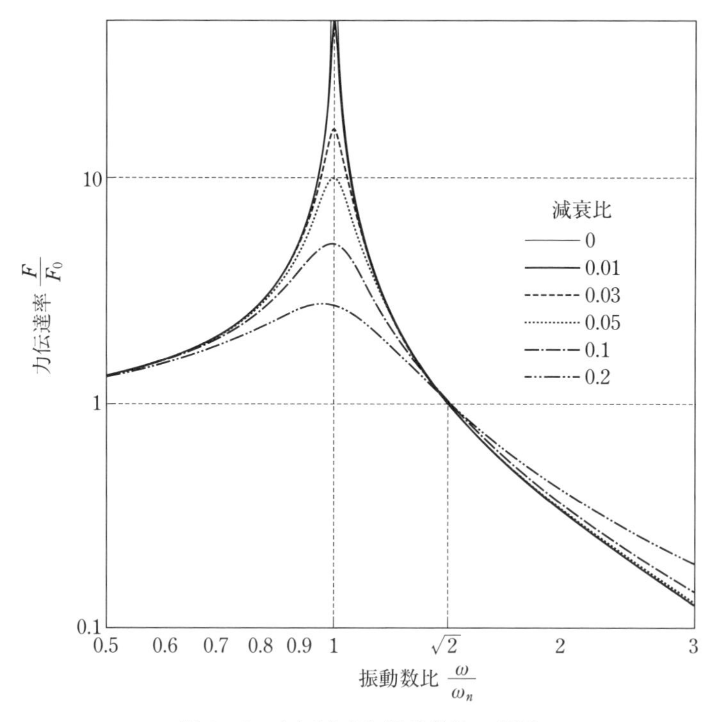

図 7.13 力伝達率と振動数比の関係

60)で示される条件を満足するよう防振機構を設計することで，減衰の有無によらず振動低減効果を得ることができる．通常は，振動数比を 2～3 に選定する場合が多い．

付録 演習問題

本章の目的

- 実際に問題を解く力を身につける.
- 実際に問題を解くことで，本書で学んだ内容の理解を深める.
- 実際に問題を解くことで，本書で学んだ内容を定着させる.

演習問題の解答について

演習問題の解答は下記のホームページ内で確認できます.

https://web.tdupress.jp/vib/

1章 演習問題

問 1-1

身のまわりの振動問題を述べよ.

問 1-2

問 1-1 について，どのような対策がとられているかを述べよ．また，どのような対策が効果的か考えよ.

問 1-3

振動をうまく活用した実例を述べよ.

2章　演習問題

問 2-1

家から 6.00 km 離れた学校まで自転車で 30.0 分かかった．この自転車の平均の速さを秒速と時速で求めよ．

問 2-2

静止していた車が一定の加速度で加速し，10.0 秒後に速度が 20.0〔m/s〕になった．このときの加速度〔m/s^2〕を求めよ．

問 2-3

質点が直線上を運動している．時間 t における変位 x が $x = t^3 + 10t^2$ で表されるとき，時間 $t = 1.00$〔s〕における変位 x，速度 $\dot{x}$，加速度 $\ddot{x}$ を求めよ．

問 2-4

質点が直線上を付図 1 に示す時間 t と速度 v の関係で運動している．$t = 0$～1.00, 1.00～3.00，3.00～5.00〔s〕における加速度を求めよ．また，5.00 秒間の移動距離を求めよ．

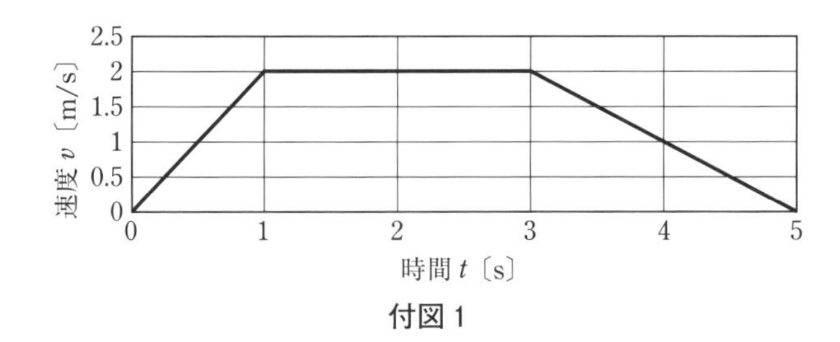

付図 1

問 2-5

体重 65.0〔kg〕の人がエレベーターのかごに乗っている．エレベーターのかごが 0.500〔m/s^2〕の加速度で下降するとき，人からかごの床に働く力 F〔N〕を求めよ．ただし，重力加速度の大きさは 9.81〔m/s^2〕とする．

問 2-6

付図2のように，ばねに400〔g〕の質量をぶら下げたところ20.0〔mm〕伸びた．このばねのばね定数k〔N/m〕を求めよ．

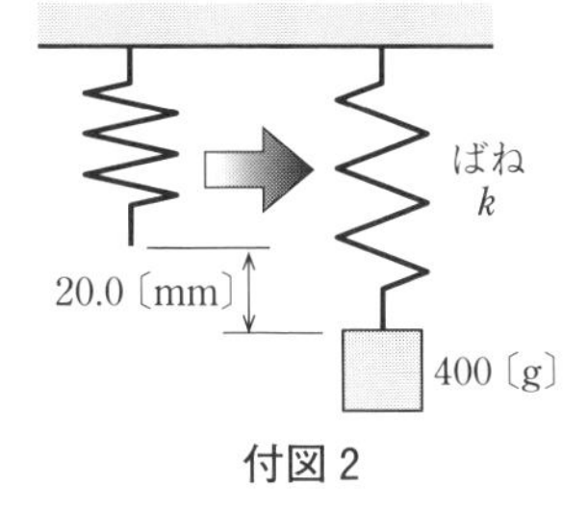

付図2

問 2-7

ばね定数$k = 2\,500$〔N/m〕のばねを2.00〔cm〕縮めるには何〔N〕の力が必要か？

問 2-8

質量5.00〔kg〕の物体に20.0〔N〕の力を加えたとき，物体は加速しながら運動した．このときの加速度a〔m/s^2〕を求めよ．

問 2-9

付図3のように平板上に質量mの剛体が乗っている．平板と剛体の間の静止摩擦係数はμとする．平板を$z = A\cos\omega t$で振動させ，徐々に円振動数ωを増加させていくとき，剛体が滑り始める円振動数ωを求めよ．ただし，Aは変位振幅であり，重力加速度の大きさはgを使用すること．

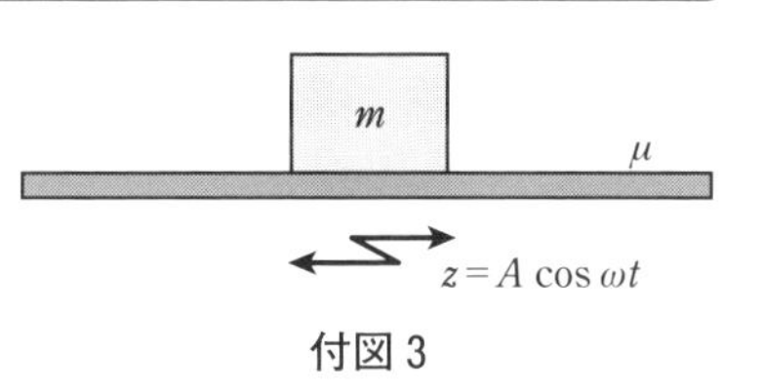

付図3

問 2-10

10.0秒間に30.0回転する物体がある．角速度ω〔rad/s〕，回転数n〔cps〕，周期T〔s〕を求めよ．

問 2-11

付図4に示す振動波形の振幅A〔m〕，周期T〔s〕，振動数f〔Hz〕，円振動数ω〔rad/s〕を求めよ．

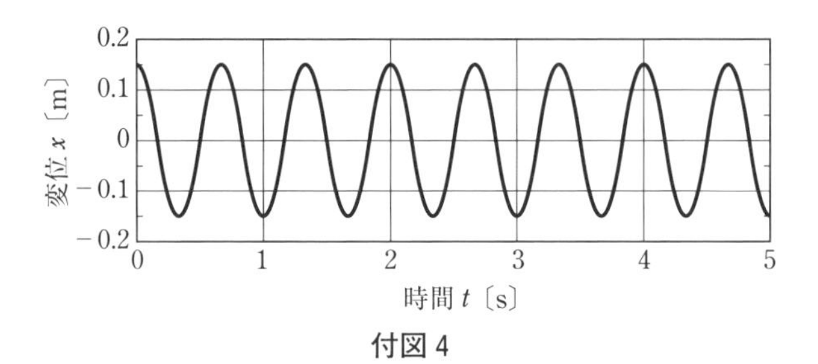

付図 4

問 2-12

$x=0.400\cos\left(\pi t-\dfrac{\pi}{2}\right)$ で表される単振動の振幅 A〔m〕，周期 T〔s〕，振動数 f〔Hz〕，円振動数 ω〔rad/s〕を述べよ．

問 2-13

ある物体が振幅 $A=0.500$〔m〕，円振動数 $\omega=4.00\pi$〔rad/s〕，位相差 $\phi=\pi$〔rad〕で調和振動 $x=0.500\cos(4.00\pi t-\pi)$ をしている．この調和振動の速度 $\dot{x}$，加速度 $\ddot{x}$ を求めよ．また，時間 $t=1.50$〔s〕における物体の変位，速度，加速度を求めよ．

問 2-14

ある物体が速度 $\dot{x}=0.150\cos(30.0\pi t+\pi)$〔m/s〕で調和振動をしている．以下の問いに答えよ．

i ）この運動の振動数，周期を求めよ．

ii ）この運動の最大変位，最大速度，最大加速度を求めよ．

iii）時間 $t=1.00$〔s〕における物体の変位，速度，加速度を求めよ．

問 2-15

付図 5 に示す図形について，質量を m として，y 軸まわりの慣性モーメントを求めよ（表 2.4 の直方体に相当する）．

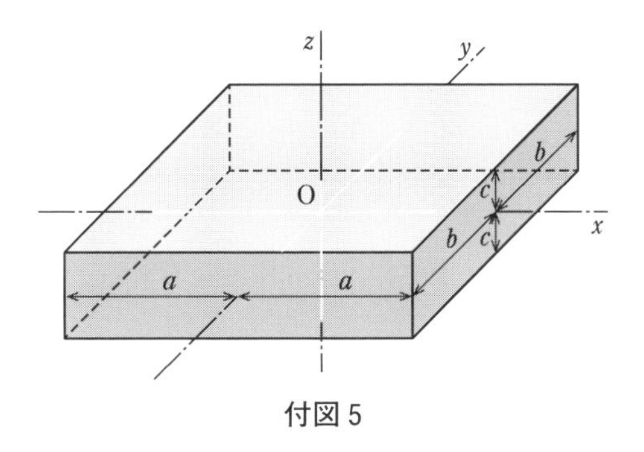

付図 5

問 2-16

付図 6(a)～(c)について，それぞれの複数のばねを 1 つの等価なばねに置き換えたい．$k_1 = 100$〔N/m〕，$k_2 = 200$〔N/m〕として，それぞれの等価ばね定数 k_e を求めよ．

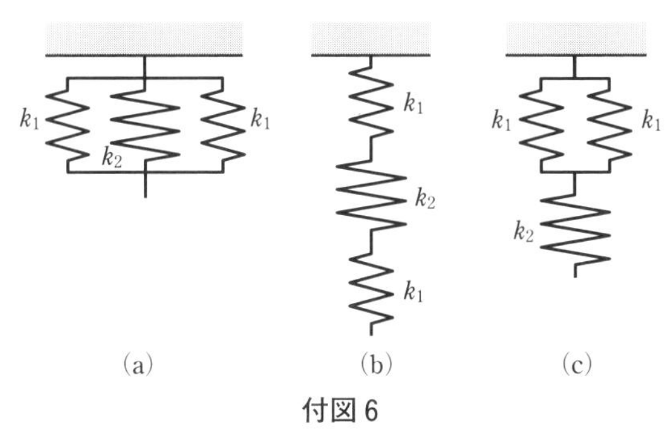

付図 6

3 章　演習問題

問 3-1

付図 7 に示す一自由度系について，質点の質量 $m = 5.00$〔kg〕，ばね定数 $k = 245$〔N/m〕のとき，固有円振動数 ω_n〔rad/s〕，固有振動数 f_n〔Hz〕，固有周期 T_n〔s〕を求めよ．

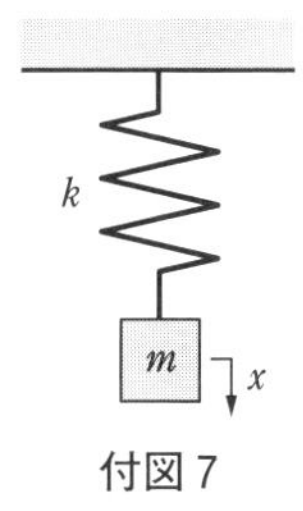

付図 7

問 3-2

付図 8 に示す単振り子を，1 秒に 1 回振動させるには，ひもの上端から重心までの長さ l をいくらにすればよいか？

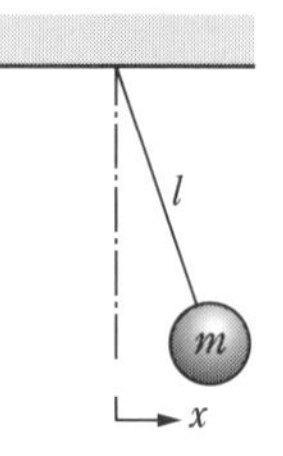

付図 8

問 3-3

問 3-1 の付図 7 に示す一自由度系について，質量をばねに取り付けたところ，ばねの自然長から 3.00 mm 伸びた．この振動系の固有円振動数 ω_n を求めよ．

問 3-4

付図 9 に示す一自由度系について，運動方程式と固有円振動数 ω_n を求めよ．

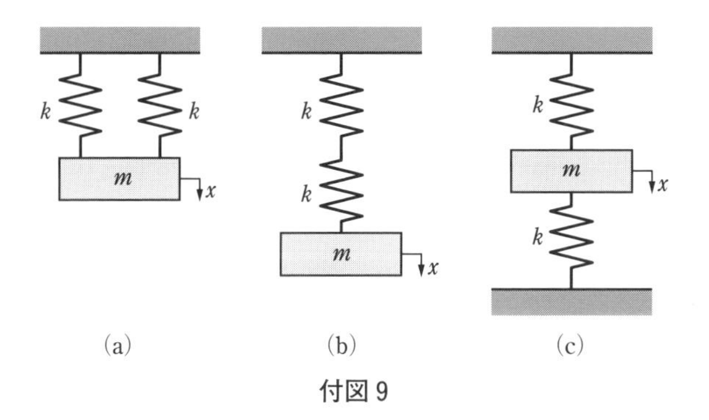

付図 9

問 3-5

付図 10 に示す一自由度系について，運動方程式と固有円振動数 ω_n を求めよ．

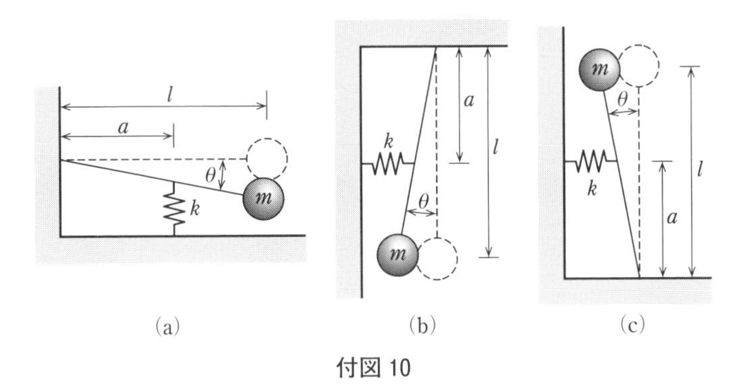

付図 10

問 3-6

付図 11 のように，質量 $m = 100$〔kg〕の物体が，直径 $d = 5.00$〔mm〕，長さ $l = 1.00$〔m〕，縦弾性係数 $E = 200$〔GPa〕の鋼棒にぶら下がっている．このときの鉛直方向の固有振動数を求めよ．

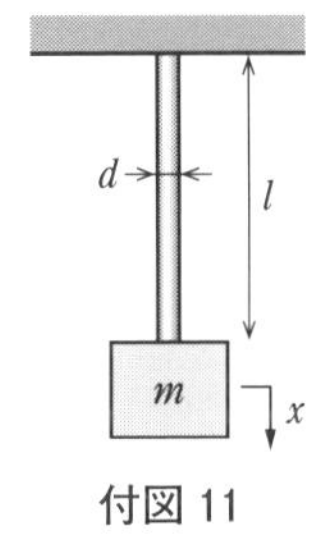

付図 11

問 3-7

付図 12 のように，質量 $m = 5.00$〔kg〕の物体が，幅 $b = 50.0$〔mm〕，高さ $h = 10.0$〔mm〕，長さ $l = 800$〔mm〕，縦弾性係数 $E = 200$〔GPa〕の両端支持ばりの中央に置かれている．このときの鉛直方向の固有振動数を求めよ．ただし，はりの質量は無視してよい．

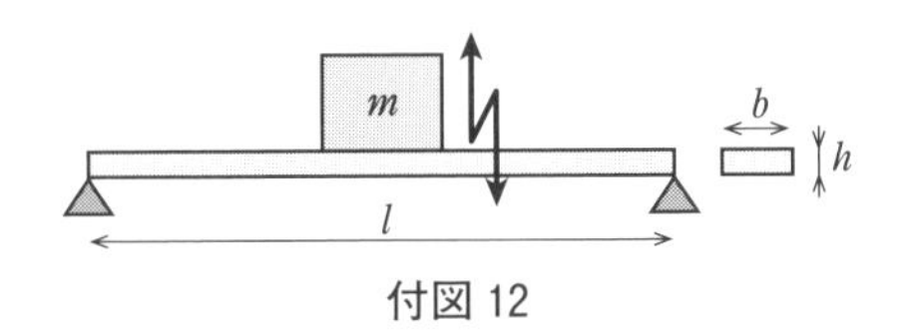

付図 12

問 3-8

問 3-1 の付図 7 に示す振動系について，質点の質量 $m = 5\,000$〔kg〕，ばね定数 $k = 8.00 \times 10^6$〔N/m〕として，初期条件 $x(0) = x_0 = 0$〔m〕，$\dot{x}(0) = v_0 = 1$〔N/m〕で自由振動させたときの，応答変位 x を求めよ．

4章　演習問題

問 4-1

付図 13 に示す一自由度系について，以下の問いに答えよ．

i）　質量 $m = 5.00$〔kg〕，ばね定数 $k = 245$〔N/m〕，減衰係数 $c = 7.00$〔Ns/m〕とし，減衰がない場合の固有円振動数 ω_n〔rad/s〕，減衰固有円振動数 ω_d〔rad/s〕，臨界減衰係数 c_c〔Ns/m〕，減衰比 ζ を求めよ．

ii）　この系は振動するか？

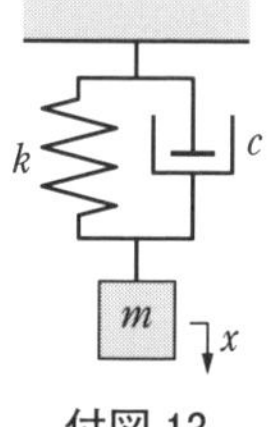

付図 13

問 4-2

問 4-1 の付図 13 に示す物体について，質量 $m = 10.0$〔kg〕，ばね定数 $k = 25\,000$〔N/m〕，減衰係数 $c = 500$〔Ns/m〕とする．質量に 3.00 cm の初期変位を与え，そっと手を離したとき（つまり，初速度ゼロ）の自由振動解を求めよ．また，1 回振動した後の振幅はいくらになるか？

問 4-3

付図 14 に示す一自由度系の運動方程式を求めよ．また，初期条件 $x(0) = x_0 = 0$〔m〕，$\dot{x}(0) = v_0 = 0.500$〔m/s〕で自由振動させたときの応答変位 x を求めよ．

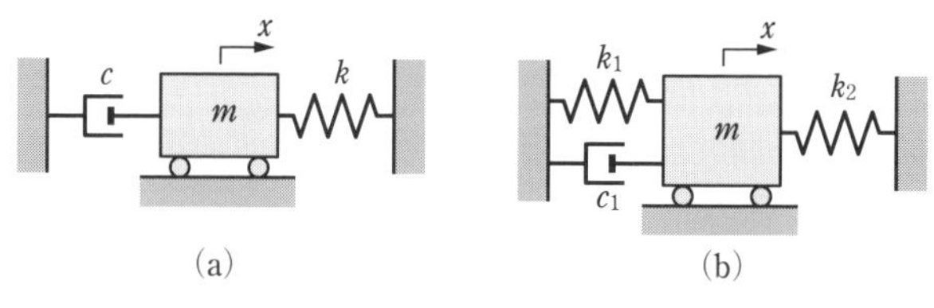

付図 14

5章　演習問題

問 5-1

付図15に示す物体が，外力 $F_0 \cos \omega t$ を受けている．質量 $m = 10.0$〔kg〕，ばね定数 $k = 1\,000$〔N/m〕のとき，共振させるには，外力の円振動数 ω〔rad/s〕をいくらにすればよいか？

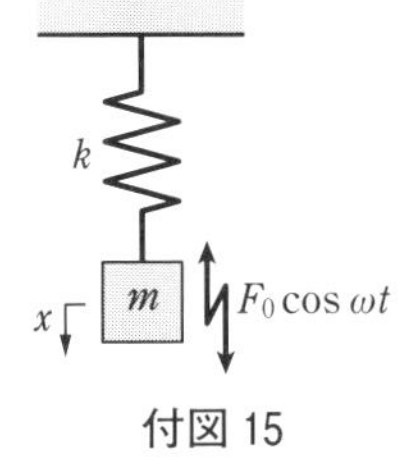

付図 15

問 5-2

質量 $m = 10.0$〔kg〕，ばね定数 $k = 20\,000$〔N/m〕の一自由度系の基礎部を，振幅10.0〔mm〕，振動数8.00〔Hz〕の余弦波で振動させる．このときの定常応答の振幅倍率 $\dfrac{X_D}{X_0}$，振幅 $|x_s|$，位相角 ϕ を求めよ．

6章　演習問題

問 6-1

付図16に示す物体が，外力 $F_0 \cos \omega t$ を受けている．質量 $m = 2.00$〔kg〕，ばね定数 $k = 1\,000$〔N/m〕，減衰係数 $c = 2.00$〔Ns/m〕，外力の振幅 $F_0 = 20.0$〔N〕，外力の振動数 $f_n = 4.00$〔Hz〕，のとき，定常応答の振幅 $|x_s|$，振幅倍率 $\dfrac{X_F}{X_{st}}$，位相角 ϕ を求めよ．

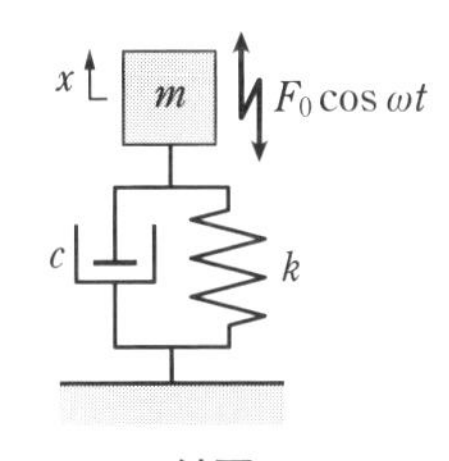

付図 16

問 6-2

問6-1の付図16に示すような機械が，外力 $F_0 \cos \omega t$ を受けて振動している．以下の問いに答えよ．

i）ばね定数$k = 900$〔N/m〕，質量$m = 12.0$〔kg〕，外力の振幅$P_0 = 8.00$〔N〕，外力の円振動数$\omega = 9.00$〔rad/s〕，減衰はないものとして（減衰係数$c = 0$〔Ns/m〕），固有円振動数ω_n〔rad/s〕，ばねの静たわみX_{st}，強制振動応答x_{s1}の振幅（最大値）$|x_{s1}|$を求めよ．

ii）i）での揺れを抑えるため，減衰係数$c = 50.0$〔Ns/m〕のダンパーを追加した．このときの減衰比ζ，減衰固有円振動数ω_d〔rad/s〕，強制振動応答x_{s2}の振幅（最大値）$|x_{s2}|$を求め，ダンパーの追加により振動を何分の一に減少できたか答えよ．ただし，ばね定数k，質量m，外力の振幅F_0，外力の円振動数ωはi）と同じである．

問 6-3

共振曲線を求めたところ，付図17のような結果となった．このときの減衰比ζを求めよ．

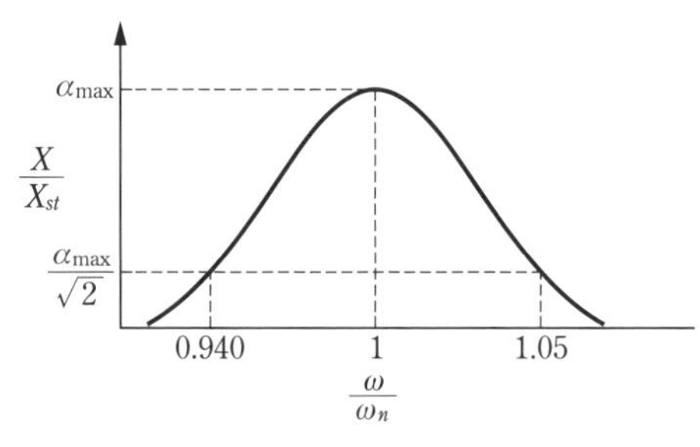

付図 17

問 6-4

付図18に示す一自由度系のばね要素の右端の絶対変位が$x_0 = A_0 \cos \omega t$である場合の運動方程式と質量mの定常応答x_s，減衰係数cの減衰要素から壁に伝達される力の振幅F_cを求めよ．

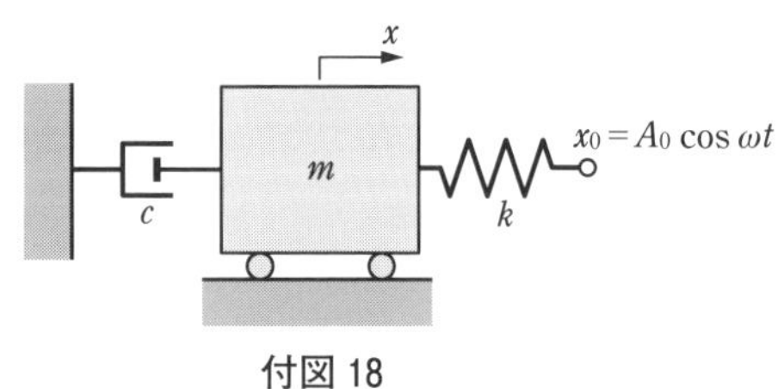

付図 18

問 6-5

付図 19 に示す振動系のばね要素 k_2 の右端の絶対変位が $x_0 = A_0 \cos \omega t$ である場合の運動方程式と質量 m の定常応答 x_s を求めよ．なお，質量 $m = 10.0$〔kg〕，ばね定数 $k_1 = 3.00$〔kN/m〕，ばね定数 $k_2 = 6.00$〔kN/m〕，減衰係数 $c = 300$〔Ns/m〕，変位入力の振幅 $A_0 = 2.00$〔mm〕，x_0 の振動数 $f = 4.00$〔Hz〕とする．

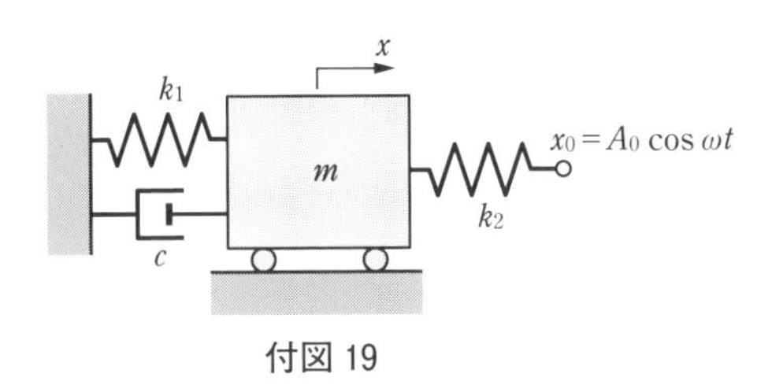

付図 19

問 6-6

減衰のある一自由度系が正弦波状の力入力により加振される．振幅が最大になるときの定常応答の振幅を計測したところ 6.00〔mm〕であった．次に，この振動数を $\frac{1}{2}$ に変えたところ振幅は 4.00〔mm〕に減少した．振動系の減衰比および固有振動数を求めよ．

問 6-7

速度の 3 乗に比例する減衰力（$F = c\dot{x}^3$）を発生させる減衰要素の等価粘性減衰係数 c_{eq} を求めよ．ただし，$x = A \sin \omega t$ とし，また，次式とする．

$$(\cos \theta)^4 = \frac{3}{8} + \frac{1}{2}\cos 2\theta + \frac{1}{8}\cos 4\theta$$

問 6-8

減衰比 $\zeta = 0.100$ の一自由度系が余弦波状の力入力を受ける強制振動において，定常応答の振幅を静たわみ X_{st} の $\frac{1}{2}$ とするためには，振動数比 $\frac{\omega}{\omega_n}$ をいくつにすればよいか？

7章　演習問題

問 7-1

質量 6 000〔ton〕の免震構造において，地面の振動数が 0.4〔Hz〕，加速度の振幅が 2.00〔m/s^2〕であるとき，免震層の最大応答変位が 0.5〔m〕以下になるために必要となる条件を考える．

1）　免震層の固有周期を 3.00〔s〕にしたとき，条件を満足する免震層の減衰比を求めよ．

2）　免震層の減衰比を 0.2 にしたとき，条件を満足する免震層の固有周期を求めよ．

問 7-2

質量 1 000〔kg〕の回転機械が 1 800〔rpm〕で運転している．機械から伝播する力の伝達率を 1/5 以下にするために振動系で必要となる条件を求めよ．なお振動系の減衰が無視できる場合と無視できない場合（減衰比 $\zeta = 0.1$）についてそれぞれ求めよ．

索　引

ま

ら

【著者紹介】

藤田　聡（ふじた・さとし）　工学博士（東京大学）
学歴　慶應義塾大学大学院工学研究科修士課程機械工学専攻修了
職歴　東京大学　助手を経て講師（生産技術研究所）
イギリス Imperial College　客員研究員
東京電機大学工学部機械工学科　教授
現在　東京電機大学　特任教授（特別専任教授）

古屋　治（ふるや・おさむ）　博士（工学）
学歴　東京電機大学大学院工学研究科機械システム工学専攻博士後期課程修了
職歴　東京都立工業高等専門学校機械工学科　助教授
イギリス Imperial College　客員研究員
東京都市大学工学部原子力安全工学科　准教授
早稲田大学先進理工研究科共同原子力専攻　客員准教授
明治大学理工学部機械情報工学科　非常勤講師
現在　東京電機大学理工学部理工学科機械工学系　教授

皆川佳祐（みながわ・けいすけ）　博士（工学）
学歴　東京電機大学大学院先端科学技術研究科先端技術創成専攻博士後期課程修了
職歴　東京都立工業高等専門学校　非常勤講師
東京電機大学工学部機械工学科　助教
イタリア Roma Tre University　客員教授
現在　埼玉工業大学工学部機械工学科　准教授

はじめての振動工学

2019年4月10日　第1版1刷発行　ISBN 978-4-501-42020-8 C3053
2022年8月20日　第1版3刷発行

著　者　藤田　聡・古屋　治・皆川佳祐

発行所　学校法人 東京電機大学　〒120-8551　東京都足立区千住旭町5番
東京電機大学出版局　Tel. 03-5284-5386（営業）03-5284-5385（編集）
Fax. 03-5284-5387 振替口座 00160-5-71715
https://www.tdupress.jp/

印刷：三美印刷（株）　製本：誠製本（株）　装丁：鎌田正志
落丁・乱丁本はお取り替えいたします。　Printed in Japan